Tasty Food
食在好吃

蛋类美食的 279 种做法

杨桃美食编辑部 主编

江苏凤凰科学技术出版社

图书在版编目（CIP）数据

蛋类美食的 279 种做法 / 杨桃美食编辑部主编 . --
南京 : 江苏凤凰科学技术出版社 , 2015.7（2019.4 重印）
（食在好吃系列）
ISBN 978-7-5537-4368-4

Ⅰ . ①蛋… Ⅱ . ①杨… Ⅲ . ①禽蛋 - 菜谱 Ⅳ .
① TS972.123

中国版本图书馆 CIP 数据核字 (2015) 第 082770 号

蛋类美食的279种做法

主　　　编	杨桃美食编辑部
责 任 编 辑	张远文　葛　昀
责 任 监 制	曹叶平　方　晨

出 版 发 行	江苏凤凰科学技术出版社
出版社地址	南京市湖南路 1 号 A 楼，邮编：210009
出版社网址	http://www.pspress.cn
印　　　刷	天津旭丰源印刷有限公司

开　　　本	718mm×1000mm　1/16
印　　　张	10
插　　　页	4
版　　　次	2015年7月第1版
印　　　次	2019年4月第2次印刷

标 准 书 号	ISBN 978-7-5537-4368-4
定　　　价	29.80元

健康又美味的蛋类美食

随着物质生活水平的提高，人们的健康饮食观念也越来越强。然而，快节奏的生活及高强度的工作压力，让许多人没有时间或精力去好好准备一顿美味又营养的菜肴，而长时间在外就餐又会出现就餐环境不卫生或是食品不够安全等问题，对健康不利。要想解决这一问题，还得回归家庭厨房。那么，怎样才能做出简单美味而又营养丰富的家常菜肴呢？

菜肴既要富含营养，又要方便快捷，关键就在材料的选择上，蛋就非常符合这一要求。蛋是一般家庭冰箱里都会有的食材，其购买和保存都很容易，再加上其易熟，且可塑性强，可以和许多食材搭配，能够很快就制作出各种美味的蛋类美食。并且蛋的营养价值非常高，例如鸡蛋含有丰富的蛋白质，其中含有人体必需的8种氨基酸，且与人体蛋白的组成非常相近，容易为人体吸收，利用率可高达98%；鸭蛋含有蛋白质、脂肪、糖类、维生素等多种营养成分，具有滋阴清肺、生津益胃等作用，对病后体虚、咽干喉痛、燥热咳嗽等症有很好的食疗效果。通常新手学做菜时，葱花煎蛋、西红柿炒蛋以及各种蒸蛋等蛋类美食是最容易上手学会的菜色。除了新鲜鸡蛋，还有咸蛋、皮蛋等经过特殊处理的食材，也能变化出大家耳熟能详的家常菜，例如咸蛋苦瓜、宫保皮蛋等，不但好吃，还好做。

本书精选279道最家常又下饭的蛋类美食，共分为5章完整详细地向读者朋友们介绍了各种家常蛋类美食的做法。其中，第一章早午餐蛋类美食，共44道食谱；第二章晚餐蛋类美食，共76道食谱；第三章餐厅热门蛋类美食，共68道食谱；第四章咸蛋、皮蛋类美食，共42道食谱；第五章蛋类美食的变化，共49道食谱。书中的每道食谱均经过仔细挑选，搭配食材变化多样，搭配酱料风味各异，使制作出来的蛋类美食别具风味。你只需要花费十几分钟，就可以在家里品尝到正宗的蛋类美食，并且每次都可以变化出不同的菜色，既能满足味觉享受，又能吃出健康。

目录　Contents

美味藏在"蛋"里面

第一章
早午餐蛋类美食

第二章
晚餐蛋类美食

第三章
餐厅热门蛋类美食

第四章
咸蛋、皮蛋类美食

第五章
蛋类美食的变化

认识鸡蛋、皮蛋、咸蛋

1.鸡蛋

鸡蛋是我们生活中最常吃的蛋，便宜又营养，由于它具有热凝固性、起泡性和乳化性等特点，在烹饪上用途极广，可做成各式各样美味的点心和菜色。例如：蛋清有不错的黏性，可拌在绞肉或蔬菜中，使食材不易散开；蛋清搅打起泡后加热会膨胀，适合制作蓬松口感的食品；蛋清也具有澄清效果，在煮清汤时倒入，会吸附混浊的细渣浮沫，使汤变得较清澈。蛋黄则能乳化水与油，混合成圆润的口感；再加上鲜艳的黄色，涂在面皮上烘焙时，可使其表面呈现好色泽。一般来说放置在室温下的蛋，蛋黄在65℃、蛋清在70℃左右就会开始凝固。从冰箱拿出来的蛋如果直接加热，烹调的时间会变得不易掌控，而且加热过程中，蛋壳也很容易因温差大而破裂。因此，冰过的蛋最好先在室温下放置45分钟再下锅。煮蛋时加点盐、醋亦可防止蛋壳破裂。而随着农畜技术的进步，现在的鸡蛋不但经过洗选处理，从业者还利用改良的饲料生产许多具有不同功效的蛋。

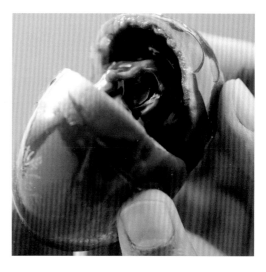

2.皮蛋

正常的皮蛋应该是墨绿色，有松花且富有弹性。一般在选择时，可用摇晃的方式测试，如果皮蛋能够振动，表示其质量较佳。此外，虽然传统古法的皮蛋制作配方不含铅，但是因铅化合物具有帮助蛋清凝固及固定的作用，所以现代的加工者为了图小利，常在浸渍液中添加铅或铜等重金属，来使蛋清凝固。在购买皮蛋时，可以注意是否有QS质量安全认证标示。有此标示者，重金属的含量应在安全范围内。此外铅、铜含量高的皮蛋，蛋壳表面的斑点会比较多，剥壳后也可看到蛋白部分颜色较黑绿或偶有黑点，不宜选购。

3.咸蛋

市面上可买到熟咸蛋和生咸蛋两种，在选择时，不妨先拿起来对着光源瞧瞧，优质的咸蛋蛋黄呈橘红色，形状浑圆，蛋黄靠一边，蛋清清亮透明。如果蛋清、蛋黄皆呈灰黑色，或溶混在一起呈汤水状，就表示可能已经坏掉了。

美味煎蛋、炒蛋怎么做

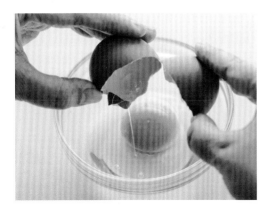

关键1 蛋先打入容器中

有些人为了求方便贪快，直接将蛋打入锅中，这样蛋很容易破散开来，所以最好先将蛋打入碗中充分打散，再放入锅中煎至成型。

关键2 煎出漂亮的蛋

煎蛋要好看完整，最重要的就是掌握翻面的时机，一定要等到底面完全凝固且呈微黄时，才可以用锅铲从蛋的边缘小心铲入锅底，小心抬起煎蛋并翻面，切勿心急而太早翻面，以免蛋片碎散开来。

关键3 煎出松软的蛋

因为锅是从外至内逐渐受热，所以倒入蛋液至锅中后，可边煎蛋边用筷子搅动，并不时摇动锅身，使蛋受热均匀，吃起来口感也会较松软。

关键4 炒出滑嫩可口的美味蛋

滑嫩美味的炒蛋可加入各种蔬菜、肉类和海鲜配料，变化出更丰富的菜式。

蛋汁中加入牛奶，可使蛋的口感更加滑嫩。

鸡蛋打入容器中，并直接以筷子来回打散打匀即可，不需要特别打至起泡。

中火快速炒至半熟，保留湿润的感觉即可快速起锅。

关键5 火候控制的技巧

炒蛋或煎蛋时最好使用有锅柄的锅具，较好离火与控温。一般烹调时建议先用中火热锅，锅热后改转小火或干脆先关火，将蛋倒入锅内后再开火，这样蛋也不容易烧焦。

关键6 调料会影响蛋的口感

有些调料和添加物会使蛋在烹调过程中产生变化，如加入盐或醋会让蛋加热时快速凝固，煮出的蛋会较紧实有弹性。加入白糖或高汤会让蛋的凝固速度变慢，但是成品会较蓬松。所以做蛋皮时可加入少许盐，让蛋液快速凝固。

关键7 放置室温下回温后再烹调

从冰箱拿出来的蛋若直接加热，烹调的时间和蛋的状况较不容易掌控，所以冰过的蛋建议先放置室温下回温后再制作。

蒸蛋成功五大关键

关键1 打蛋时筷尖不离蛋

打蛋时只要将蛋打散即可，不需要打到发泡。以固定方向搅打，且打蛋的时候筷子尖端不要离开蛋液，这样比较不会产生空气或泡沫。

关键2 入锅前蛋汁要过滤

过滤的动作可以把打不散的蛋清、杂质去除掉，就可以确保蒸蛋的细嫩。

关键3 蒸蛋时为什么要加盖

蒸蛋时，锅内会产生水蒸气，如果没有在蒸皿上做隔热的动作，水蒸气就会滴到蒸蛋表面，造成蒸蛋表面出现蜂窝般的气泡。正宗日式茶碗蒸通常是在蒸皿上盖好盖子再入锅蒸。

关键4 先大火煮再改中小火

大火产生的热力可让蛋液表面的温度快速升高并凝固定型，然后再改中小火慢慢将内部蒸熟。若是火力太强，蛋液内部沸腾后会让蒸蛋表面凹凸不平，内部也会有孔隙。

关键5 锅盖留缝排出热气

不论是用电饭锅或蒸锅（蒸笼）蒸蛋，都必须让锅盖留些缝隙（可在锅盖和锅之间架根筷子），让过多的热气排出，使蒸锅内部的温度维持稳定的状态，如此才能蒸出表面光滑平整、口感细腻的蒸蛋。

如何选购新鲜的鸡蛋

现在的许多鸡蛋不但经过洗选处理，从业者还利用改良的饲料生产许多具有不同功效的蛋，比如能增强免疫力，对身体有益的高碘、高硒鸡蛋，免疫鸡蛋以及 DHA、EPA 鸡蛋等。鸡蛋虽然营养丰富，但是容易变质，一般来说放置在室温下的蛋，蛋黄在 65℃、蛋清在 70℃左右就会开始凝固。那么怎样挑选新鲜的鸡蛋呢？一起来看看吧！

秘诀1 看一看

蛋壳呈现不透明状比有透明斑点的鸡蛋新鲜，另外也可观察蛋黄的凸度。把鸡蛋打破，倒在平盘上观察，蛋黄越饱满突起的，就是越新鲜的鸡蛋。蛋清又分为厚蛋清和稀蛋清两部分，在蛋清周围较突起的一圈是厚蛋清，呈液状的是稀蛋清。如果一个鸡蛋的厚蛋清越多，稀蛋清越少，也表示这个鸡蛋越新鲜。

秘诀2 摸一摸

蛋壳粗糙的鸡蛋比光滑的好。我们在市面上看到的蛋多半以盒装形式贩卖，但是最好选购散装的鸡蛋，在购买的时候可以通过触摸鸡蛋的表面来判断它是否新鲜。如果购买的是盒装鸡蛋，你还是可以在吃蛋之前进行秘诀 3 的小实验，看看你买的蛋够不够新鲜。

秘诀3 试一试

你可以做个小实验，取一个较大的容器，加适量盐水，然后把鸡蛋放入盐水中。钝端（较圆的一端）上浮的蛋，是放得较久、不新鲜的蛋，因为鸡蛋放得越久，气室会越大，钝端就越容易上浮。如果你发现鸡蛋放入盐水中是直立于水中的话，建议就不要吃了。新鲜的鸡蛋如果放入盐水中，会整个贴在底部，不会浮起。

秘诀4 摇一摇

听声音，把鸡蛋拿到耳朵旁边摇动，如果感觉内部有声音，就表示气室薄膜震动波纹越大，鸡蛋的新鲜度已不佳。

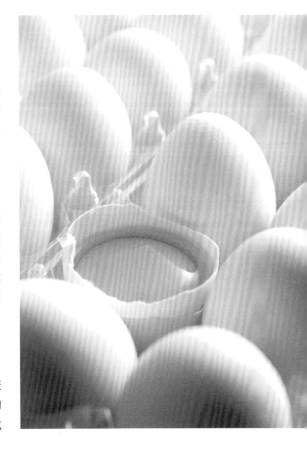

本书单位换算	
液体类	固体类/油脂类
1小匙≈5毫升	1小匙≈5克
1大匙≈15毫升	1大匙≈15克

小贴士

变质的鸡蛋含有许多对人体有害的物质，吃后会引起中毒，危害人体健康，切忌食用。

如何做出美味的咸蛋

　　想要自己做咸蛋其实很简单，不论是鸡蛋或鸭蛋都可以，而且材料简单，只要准备蛋、盐、水三种材料就能做出咸蛋了！

1.蛋壳用水擦洗干净。

2.将蛋沥干水分，备用。

3.锅中加水煮沸，倒入盐（盐和水的重量比是3：10）。

4.将盐搅拌至完全溶解，静置到完全冷却。

5.取做法2沥干的蛋排入附盖的容器内。

6.把做法4冷却的盐水倒入做法5中。

7.盖上盖，置于阴凉处腌泡15~20天。

8.取出腌好的生咸蛋，放蒸笼蒸15分钟，熟后取出即可。

第一章
早午餐蛋类美食

　　人体经过一晚上的休息，急需补充各种能量。早晨是一天的开始，我们每天的工作和学习都需要充沛的精力，因此早餐显得至关重要。而午餐是一天中人体的中继站，同样需要补充足够的能量。本章介绍了几十种早午餐蛋类制作的方法，非常适合在家烹制。

培根炒蛋

材料
鸡蛋3个，培根2片，洋葱50克，鲜奶、无盐奶油各2大匙

调料
盐1/4小匙

做法

❶ 鸡蛋打入碗中，加入鲜奶及盐，混合拌匀备用；洋葱洗净，切成小丁。

❷ 培根片分切成小片备用。

❸ 加热平底锅，加入无盐奶油，以小火加热至奶油完全融化。

❹ 先将洋葱丁和培根片入锅炒至培根略焦香，再将蛋液倒入锅中。

❺ 开小火，用平锅铲将蛋液用推的方式铲动，让蛋呈片状慢慢凝固，至蛋凝固成型，盛出撒上香芹末（材料外）即可。

欧姆蛋

材料
鸡蛋3个，鲜奶30毫升，西蓝花2朵

调料
盐1/4小匙，无盐奶油3大匙，番茄酱适量

做法

❶ 鸡蛋打入大碗中，加入鲜奶和盐拌匀。

❷ 平底锅加热，加入无盐奶油至完全融化，开中火快速倒入蛋液。

❸ 一面加热，一面快速将鸡蛋搅拌均匀，让所有蛋液平均呈半凝固状态，用筷子将蛋液翻卷至平底锅前缘加热定型。

❹ 再将鸡蛋轻轻翻面，让各面均匀受热并整成橄榄形后盛入盘中，盘边放上烫熟的西蓝花，食用前挤上适量番茄酱搭配即可。

奶酪炒蛋

材料

鸡蛋3个，西红柿丁50克，奶酪丝30克，洋葱丁20克

调料

动物性鲜奶油100毫升，无盐奶油1/2小匙，盐1/4匙，黑胡椒粉、食用油各适量

做法

❶ 鸡蛋打入碗中，加入盐、50毫升动物性鲜奶油拌匀。

❷ 热锅入油，加入洋葱丁炒香，取出。

❸ 平底锅入油，倒入蛋液，并以木勺略微搅动，放入西红柿丁、洋葱丁和奶酪丝，先将两边折起成菱形，对折并整成椭圆形。

❹ 将50毫升动物性鲜奶油和无盐奶油以小火熬煮成酱汁，淋至蛋卷上，撒上黑胡椒粉即可。

火腿欧姆蛋

材料

鸡蛋5个，火腿2片，洋葱半个，蒜2瓣，奶酪丝2大匙，小豆苗、圣女果各少许

调料

盐、黑胡椒粉、番茄酱、食用油各适量，鲜奶油50毫升

做法

❶ 鸡蛋打入容器中，加入盐、黑胡椒粉、鲜奶油，用打蛋器顺一个方向搅匀，过滤。

❷ 将火腿和洋葱洗净切成丁；蒜洗净切碎。

❸ 取炒锅，先加入1大匙食用油，再放入做法2的材料以中火爆香后，盛出备用。

❹ 将蛋液倒入锅中，再加入炒好的做法3的材料和奶酪丝，续以中火慢煎至六成熟，再将蛋皮包卷覆盖配料，挤上番茄酱，以圣女果和小豆苗装饰即可。

皮蛋拌白菜梗

材料
皮蛋2个，大白菜1/4棵，香菜2根，鸡胸肉1片，红辣椒1个，蒜2瓣

调料
白醋1大匙，盐、白胡椒粉各少许，香油、辣油各1小匙

做法
1. 大白菜洗净切粗梗，加入1大匙盐（分量外）稍微抓出水后洗净，拧干水分。
2. 鸡胸肉洗净，放入沸水中煮熟，再撕成丝，备用。
3. 皮蛋去壳洗净，切小丁；红辣椒洗净切丝；蒜、香菜洗净切碎，备用。
4. 取一容器，加入做法1、做法2、做法3的材料和所有调料，搅拌均匀即可。

柳松菇奥姆蛋

材料
鸡蛋3个，鲜奶30毫升，柳松菇段100克，火腿条3根，香芹叶少许

调料
盐1/4小匙，无盐奶油3大匙

做法
1. 平底锅加热，加入1大匙无盐奶油，开中火，放入柳松菇炒至软化后盛起。
2. 鸡蛋打散，加入鲜奶和盐，拌匀备用。
3. 另起锅，加入2大匙无盐奶油至完全融化，倒入蛋液，一面加热，一面快速将鸡蛋搅拌均匀，让所有蛋液平均呈半凝固状态。
4. 将做法1的材料铺放至前缘1/3处，用锅铲将蛋液拨至平底锅前缘盖上，加热定型，再翻面整成橄榄形，盛入盘中，以火腿条及香芹叶装饰即可。

鲜蔬蛋卷

材料

鸡蛋3个，鲜奶50毫升，黄、红甜椒丝各30克，青椒丝、洋葱丝各20克，蒜末5克，西蓝花2朵

调料

盐1/2小匙，黑胡椒粒少许，食用油3大匙

做法

1. 鸡蛋打散，加入鲜奶及1/4小匙盐打匀；西蓝花烫熟备用。
2. 另起锅，加入1大匙食用油，开中火炒香蒜末、洋葱丝，再加入黄甜椒丝、青椒丝、红甜椒丝、1/4小匙盐、黑胡椒粒炒至食材软化，起锅备用。
3. 另起锅，加入2大匙食用油烧热，倒入蛋液拌至半凝固状态，将做法2的材料放至前缘1/3处，再用铲子将蛋卷起翻面，让各面均匀受热成橄榄形，装盘摆上西蓝花即可。

茄酱热狗卷

材料

鸡蛋3个，鲜奶1大匙，热狗1根，青椒丝、洋葱丝各20克，无盐奶油3大匙

调料

盐1/4小匙，番茄酱适量

做法

1. 鸡蛋打入容器中，加入鲜奶和盐拌匀。
2. 平底锅加热，加入1大匙无盐奶油，开中火，放入热狗煎熟后取出。
3. 洗净平底锅，加热后，加入2大匙无盐奶油至完全融化，将蛋液倒入锅中。
4. 改转小火，用筷子将蛋液起泡处慢慢戳破，让蛋慢慢平整地凝固。
5. 在蛋开始成型凝固时，铺上洋葱丝、青椒丝和热狗，用锅铲将蛋卷起成型，食用前挤上适量番茄酱搭配即可。

蔬菜烘蛋三明治

材料

鸡蛋	2个
全麦吐司	3片
洋葱丝	5克
胡萝卜丝	2克
葱段	5克
卷心菜丝	10克
生菜	10克
西红柿片	3片
食用油	适量

调料

白胡椒粉	少许
盐	少许
麦淇淋	1小匙
沙拉酱	1小匙

做法

❶ 鸡蛋打成蛋液，加入白胡椒粉和盐拌匀；生菜剥下叶片洗净，泡入冷开水中至变脆，捞出沥干备用。

❷ 平底锅倒入少许油烧热，放入洋葱丝、胡萝卜丝、卷心菜丝和葱段，以小火炒出香味，倒入蛋液摊平，改用中火烘至蛋液熟透，盛出后切成与吐司相同大小的方片。

❸ 全麦吐司一面抹上麦淇淋，放入烤箱中，以150℃略烤至呈金黄色，取出备用，取一片全麦吐司为底，依序放入生菜、西红柿片，盖上另一片全麦吐司，再放入烘蛋片并淋上沙拉酱，盖上最后一片全麦吐司，稍微压紧后切除四边吐司边，再对切成2份即可。

火腿奶酪蛋卷

材料

鸡蛋3个，鲜奶1大匙，无盐奶油3大匙，火腿丁40克，洋葱丁30克，奶酪片2片

调料

盐1/4小匙

做法

❶ 鸡蛋打入容器中，加入鲜奶和盐拌匀。

❷ 平底锅加热，加入1大匙无盐奶油，开中火，放入火腿丁和洋葱丁炒香后取出。

❸ 洗净平底锅，加热后，加入2大匙无盐奶油至完全融化，将蛋液倒入锅中。

❹ 改转小火，用筷子将蛋液起泡处戳破，让蛋慢慢平整地凝固。

❺ 在蛋开始成型凝固时，铺上做法2的材料和奶酪片，用锅铲将蛋卷起成型即可盛盘。

熏肉蛋卷

材料

鸡蛋3个，鲜奶1大匙，香芹末3克，无盐奶油2大匙，熏肉片100克，洋葱20克

调料

盐适量

做法

❶ 鸡蛋打入容器中，加入香芹末、鲜奶和盐，拌匀备用；洋葱洗净切丝。

❷ 平底锅加热后，加入无盐奶油至完全融化，将蛋液倒入锅中。

❸ 改转小火，用筷子将蛋液起泡处慢慢戳破，让蛋慢慢平整地凝固。

❹ 在蛋开始成型凝固时，再铺上洋葱丝和熏肉片。

❺ 用锅铲将蛋卷起成型即可盛盘。

奥姆鸡粒吐司

材料

吐司4片，鸡蛋5个，猪绞肉100克，玉米粒50克，葱花、奶油各15克，奶酪丝30克，食用油、芹菜叶、圣女果各适量

调料

鲜奶90毫升，盐、黑胡椒粉各少许，肉桂粉1小匙

做法

❶ 鸡蛋打散，再加入所有调料打匀，备用。

❷ 吐司切小丁；平底锅放入一半奶油烧热，放入吐司丁以小火煎炒至酥脆，起锅。

❸ 油锅烧热，放入葱花、玉米粒、猪绞肉爆香，起锅备用。

❹ 平底锅放入另一半奶油烧热，倒入蛋液，将蛋液炒至半熟，再将做法2的材料和奶酪丝放在蛋中间，将蛋包起呈半月形，放入盘中，以芹菜叶、圣女果装饰即可。

月见吐司披萨

材料

鸡蛋黄1个，吐司1片，培根2片，菠菜80克，沙拉酱1大匙，奶酪丝30克，奶油10克，圣女果、黄甜椒丝、小豆苗各少许

调料

橄榄油1小匙，盐、黑胡椒粉各少许

做法

❶ 培根切片；菠菜去根洗净，放入沸水中汆烫后沥干，切碎，加入所有调料拌匀。

❷ 吐司抹上奶油，入烤箱中烤至表面上色。

❸ 在吐司上面铺上菠菜，铺上培根片，撒上奶酪丝、挤上沙拉酱，用汤匙在中央压个凹槽，放入200℃的烤箱，烤至奶酪融化。

❹ 在中央凹槽处加入1个蛋黄，再放入烤箱续烤3分钟，盛盘，以圣女果、黄甜椒丝及小豆苗装饰即可。

口袋三明治

材料
厚片吐司3片，水煮蛋1个，熟土豆30克，小黄瓜10克，洋葱5克

调料
沙拉酱1大匙，黑胡椒粉适量

做法
❶ 水煮蛋去壳切丁；熟土豆切小丁；小黄瓜洗净切成小丁；洋葱洗净切末。

❷ 先将厚片吐司切除1/4，再从3/4的厚片吐司中间横切1刀（勿切断）成口袋形状。

❸ 将熟土豆丁、小黄瓜丁、水煮蛋丁和洋葱末拌匀，再加入沙拉酱和黑胡椒粉拌匀即为土豆鸡蛋沙拉。

❹ 将土豆鸡蛋沙拉填入吐司内即可。

土豆蛋沙拉

材料
鸡蛋、皮蛋、土豆各1个，玉米粒2大匙，圣女果4颗，葱1根，香芹末适量

调料
沙拉酱2大匙，盐、白胡椒粉各少许，香油1小匙

做法
❶ 土豆洗净去皮，放入蒸笼中蒸熟，取出切小块，备用。

❷ 鸡蛋和皮蛋放入沸水中煮熟，取出剥壳，切成小块，备用。

❸ 葱洗净切碎；玉米粒控干水分；圣女果洗净切成对半。

❹ 取一容器，加入做法1、做法2、做法3的材料和所有调料拌匀，挤上一层沙拉酱，撒上香芹末即可。

意大利煎蛋饼

材料

鸡蛋	2个
土豆	80克
南瓜	80克
西蓝花	60克
红甜椒	40克
洋葱丁	50克
蒜末	20克
香芹末	5克

调料

橄榄油	4大匙
盐	1/2小匙
黑胡椒粒	1/4小匙
白酒	适量
高汤	50毫升

做法

❶ 土豆去皮洗净后切薄片；南瓜和西蓝花洗净切小丁；红甜椒洗净切丁；鸡蛋打入容器中，加盐拌匀备用。

❷ 取平底锅烧热后，加入2大匙橄榄油，放入洋葱丁和蒜末炒香后，加入其余材料炒匀，再加入黑胡椒粒、白酒及高汤，以小火炒至土豆和南瓜熟软后盛出，再加入蛋液中拌匀。

❸ 洗净平底锅烧热后，加入2大匙橄榄油，将蛋液倒入锅中，小火煎至蛋液略凝固。

❹ 取一盘子，盘面要比锅面大，盖至锅上后，将锅翻转，让蛋翻面，再将蛋滑入平底锅中煎熟另一面，呈金黄色后，取出切片盛盘即可。

白煮蛋沙拉

材料
白煮蛋5个，土豆、胡萝卜各80克，青豆50克，洋葱10克，生菜叶少许

调料
沙拉酱适量

做法
❶ 洋葱洗净切碎；白煮蛋去壳，将蛋白上方切掉一开口，取出蛋黄，并将蛋白底部也切除一些使其能站立。

❷ 土豆、胡萝卜洗净去皮切丁，与青豆一起放入沸水中余烫，捞出泡冰水后沥干。

❸ 取2个蛋黄压碎，加入适量沙拉酱拌匀，再加入做法2沥干的材料以及洋葱碎搅拌均匀，最后盛入蛋白容器中即可，重复此步骤直到材料用完，放入以生菜铺底的盘中即可。

香香蛋沙拉

材料
白煮蛋3个，生菜2棵，小黄瓜1根，圣女果3颗，红甜椒1/3个

调料
橄榄油、黑胡椒粒各少许

酱料
沙拉酱2大匙，酸黄瓜丁、盐、白胡椒粉、蜂蜜各少许

做法
❶ 白煮蛋去壳，切成2等份，挖出蛋黄，蛋白切小块，备用。

❷ 取锅烧热，加入调料，放入蛋黄炒香。

❸ 生菜洗净切小段；小黄瓜洗净切片；圣女果洗净对切；红甜椒洗净切丁备用。

❹ 将做法3的材料、蛋白放入容器中，先淋入混合的酱料，再撒上蛋黄即可。

培根蛋薄饼卷

材料
鸡蛋1个，蛋饼皮1张，培根2片，洋葱30克，食用油2小匙

做法

❶ 洋葱洗净切丝；鸡蛋打散搅打均匀；平底锅加热，倒入1小匙食用油，放入培根煎香后取出。

❷ 锅中再加入1小匙食用油加热，放入蛋饼皮煎至金黄后铲出，倒入打散的鸡蛋，再盖上饼皮煎1分钟，煎至鸡蛋熟即可取出。

❸ 将培根及洋葱丝放入饼皮中，卷起饼皮成圆筒状即可。

土豆煎蛋饼

材料
鸡蛋2个，土豆1个，红甜椒1/3个，培根1片，葱花少许

调料
盐、白胡椒粉各少许，食用油1大匙

做法

❶ 土豆洗净去皮，放入电饭锅中蒸熟后，取出切碎；红甜椒洗净切成小丁；培根切碎，备用。

❷ 将鸡蛋打散，加入土豆丁、红甜椒丁、培根碎和盐、白胡椒粉一起搅拌均匀。

❸ 起一炒锅，加入1大匙食用油，续加入蛋液，以中小火煎至双面熟透，最后撒上葱花即可。

米蛋饼

材料
米饭100克，低筋面粉50克，鸡蛋2个，葱末30克，生菜叶1片

调料
盐1/4小匙，鸡精、白胡椒粉、食用油各适量

做法
❶ 鸡蛋打散；将低筋面粉过筛，加入米饭、蛋液与所有调料拌匀，再加入葱末拌匀成面糊，备用。

❷ 取一平底锅，烧热后加入2大匙食用油（分量外），以汤勺取适量面糊加入锅中，转中小火煎至双面呈金黄色香酥状取出，放入盛有生菜叶的盘中，重复此步骤直到材料用完，食用时可搭配番茄酱（材料外）即可。

蔬菜蛋饼烧

材料
鸡蛋2个，面粉30克，卷心菜40克，胡萝卜、青豆各20克

调料
盐1/2小匙，酱油2大匙，食用油适量

做法
❶ 卷心菜洗净切丝；胡萝卜洗净去皮切成丁；青豆洗净沥干水分。

❷ 净锅置火上，注入适量清水烧开，将青豆放入沸水中氽烫至变色后，捞起沥干。

❸ 面粉和适量水混合拌匀，打入鸡蛋，再加入卷心菜、胡萝卜丁、青豆和盐拌匀。

❹ 取平底锅，加入少许食用油烧热后，倒入面糊，以小火煎至金黄色后，翻至另一面煎熟，取出切块，搭配酱油食用即可。

韭菜煎饼

材料

蛋液、玉米粉各40克，低筋面粉80克，水140毫升，韭菜150克

调料

盐1/4小匙，鸡精、白胡椒粉、食用油各适量

做法

❶ 韭菜洗净，切长段（长度略短于锅长），备用。

❷ 低筋面粉、玉米粉过筛，再加入水及蛋液一起搅拌均匀呈糊状，静置30分钟，再加入所有调料拌匀成面糊，备用。

❸ 取一平底锅加热，倒入适量食用油，排放入韭菜段，再倒入面糊均匀布满锅面，用小火煎至两面皆金黄熟透即可。

咖喱鸡肉煎饼

材料

鸡腿肉片70克，土豆片60克，胡萝卜片25克，洋葱片50克，西蓝花40克

玉米面糊

鸡蛋2个，玉米面粉120克，低筋面粉300克，水300毫升

调料

食用油适量

做法

❶ 土豆、胡萝卜、洋葱、西蓝花氽烫备用。

❷ 起一锅，加入食用油烧热，放入洋葱片炒香，续加入做法1剩下的材料和鸡腿肉片拌炒，再加入适量水炒至软、水分收干，取出，倒入玉米面糊中，即为咖喱鸡肉面糊。

❸ 起锅，加入食用油烧热，放入面糊，小火煎至定型上色，翻面煎至金黄熟透即可。

牛蒡煎饼

材料
牛蒡200克，胡萝卜丝、白芝麻各10克，黑芝麻少许，糯米面糊100克

调料
盐1/4小匙，白糖、白醋各少许，食用油适量

糯米面糊
鸡蛋2个，糯米粉100克，低筋面粉300克，水380毫升

做法

❶ 鸡蛋打散，加入其他的面糊材料混合拌匀；牛蒡削皮洗净切丝，泡水沥干。

❷ 热锅入适量食用油，放入胡萝卜丝及牛蒡丝略炒，加入剩余调料炒匀，和白芝麻、黑芝麻、糯米面糊一起拌成牛蒡面糊。

❸ 热一不沾锅，放入牛蒡面糊，以小火煎至定型上色，翻面再煎至金黄熟透即可。

莲藕煎饼

材料
莲藕、卷心菜苗各100克，虾皮、姜末各10克

调料
盐1/4小匙，胡椒粉、香油各少许，食用油适量

糯米面糊
鸡蛋2个，糯米粉100克，低筋面粉300克，水380毫升

做法

❶ 鸡蛋打散，加入其他的面糊材料混合拌匀；卷心菜苗洗净切丝；虾皮洗净沥干；莲藕洗净去皮切片，氽烫1分钟后捞出。

❷ 油锅加热，放入姜末、虾皮爆香，再放入卷心菜苗丝拌炒至微软后取出，和其余材料、糯米面糊一起拌匀，即为莲藕面糊。

❸ 油锅烧热，放入莲藕面糊，撒上少许白芝麻（材料外），小火煎至定型上色即可。

蔬菜蛋煎饼

材料
鸡蛋2个，卷心菜块150克，胡萝卜丝30克，葱丝适量

调料
盐1/6小匙，食用油适量

面糊
中筋面粉100克，盐2克，水150毫升，食用油15毫升，鸡蛋1个，葱花30克

做法
1. 将中筋面粉与盐、水、食用油搅匀并打至起筋，加入葱花、打散的鸡蛋拌匀。
2. 鸡蛋打散后，加入盐、胡萝卜丝、葱丝及卷心菜块拌匀。
3. 平底锅加入食用油烧热，倒入做法1的材料摊成煎饼，将做法2的材料倒至煎饼上，煎至定型，淋上剩余面糊，翻面煎熟即可。

三色蔬菜蛋

材料
鸡蛋3个，玉米、胡萝卜丁、四季豆各40克

调料
盐1/2小匙，米酒、胡椒粉、淀粉各少许，食用油适量

做法
1. 先将鸡蛋打散备用。
2. 玉米洗净，削下玉米粒；四季豆去头尾和粗丝洗净，放入沸水氽烫后取出切丁。
3. 胡萝卜丁、玉米粒一起放入沸水中氽烫后捞出。
4. 待四季豆丁、玉米粒、胡萝卜丁微凉后，加入所有调料拌匀，再放入蛋液中拌匀。
5. 热锅，加入适量食用油，倒入蛋液煎至定型，再翻面煎至微焦且熟即可。

什锦蔬菜煎饼

材料
豆芽、韭菜段、土豆丝、胡萝卜丝各30克，小白菜40克，卷心菜丝80克，鲜香菇丝2朵，洋葱丝、色拉笋丝各20克，芹菜段10克

调料
盐1/4小匙，白糖少许，食用油适量

面糊
鸡蛋3个，面粉300克，水340毫升

做法
❶ 豆芽洗净；小白菜洗净切段；鸡蛋打散，加入面粉、水拌匀为鸡蛋面糊。

❷ 热锅，加入食用油，放入鲜香菇丝、洋葱丝和其他材料炒软放入大碗，加入盐、白糖及鸡蛋面糊拌匀，即为什锦蔬菜面糊。

❸ 锅中加少许食用油烧热，倒入蔬菜面糊，以小火煎至定型，翻面煎至熟透即可。

鲔鱼洋葱煎饼

材料
鸡蛋1个，鲔鱼罐头1罐，洋葱80克

调料
食用油2大匙

面糊
低筋面粉80克，籼米粉40克，水130毫升

做法
❶ 将面糊材料调匀成面糊，静置20分钟。

❷ 鲔鱼罐头沥干油分后倒出；洋葱洗净切末；鸡蛋打散成蛋液备用。

❸ 热锅，加入食用油，倒入面糊，铺平、铺薄，以小火煎30秒，再放入鲔鱼、洋葱末，用锅铲轻压面饼，并不时转动面饼，煎到底色略呈金黄色时，淋入蛋液，再翻面续煎1分钟至蛋熟即可。

葱蛋煎饼

材料
鸡蛋2个，中筋面粉150克，冷水200毫升，葱花40克

调料
盐4克，食用油适量

做法
① 将中筋面粉及盐放入盆中，分次加入冷水搅拌均匀，拌打至有筋性后，再加入葱花拌匀备用。
② 取平底锅加热，加少许食用油，取一半面糊入锅摊平，小火煎至两面金黄后取出。
③ 于平底锅内加入2大匙食用油；将1个鸡蛋打散，倒入锅中，将做法2的葱饼盖于蛋上，以小火煎至鸡蛋熟即成葱蛋煎饼（重复做法2、3的步骤至材料用完即可）。

章鱼烧煎饼

材料
章鱼80克，卷心菜100克，胡萝卜丝、洋葱丝各15克，柴鱼片、海苔粉各适量

调料
盐1/4小匙，沙拉酱、黄芥末、食用油各适量

面糊
鸡蛋1个，中筋面粉90克，淀粉15克，水130毫升

做法
① 章鱼洗净切小块；卷心菜洗净切丝。
② 将中筋面粉、淀粉放入容器中，加入水拌匀，接着静置15分钟后，再加入盐与打散的鸡蛋拌匀，续加入洋葱丝、胡萝卜丝及做法1的材料拌匀，即为章鱼烧面糊。
③ 平底锅加适量食用油烧热，加入章鱼烧面糊，用小火煎至两面皆熟透，挤入沙拉酱与黄芥末，撒上柴鱼片与海苔粉即可。

烧饼奶酪蛋

材料

鸡蛋1个，芝麻烧饼1份，奶酪1片，无糖豆浆30毫升，香菜末10克，细芦笋、食用油各适量

调料

盐、白胡椒粉各适量，橄榄油1小匙

做法

❶ 芝麻烧饼放入烤箱略烤至香酥，备用。

❷ 芦笋洗净，放入沸水中氽烫15秒，再泡入冷水中至冷却，沥干水分，加入橄榄油和少许盐、白胡椒粉拌匀，备用。

❸ 鸡蛋打散，加入无糖豆浆、香菜末、少许盐、胡椒粉混合均匀。

❹ 热一锅，放入少许食用油，倒入蛋液煎至半熟，放入奶酪片，将蛋折成四方形，煎至双面香气散出，盛起备用。

❺ 将做法2、做法4的材料夹入烧饼中即可。

水煮蛋辣鲔鱼

材料

水煮蛋1个，月亮饼2个，青辣椒2个，菠菜100克，鲔鱼罐头（小）1罐，熟白芝麻适量

调料

盐4克，香油1小匙，黑胡椒粉、白胡椒粉、辣椒粉各适量

做法

❶ 青辣椒去籽洗净，切细末；鲔鱼罐头沥干水分。

❷ 将做法1的材料和2克盐、黑胡椒粉混合搅拌均匀。

❸ 菠菜洗净，氽烫后捞出至完全冷却，沥干水分，切3厘米长的段，加入香油、2克盐、白胡椒粉、熟白芝麻一起拌匀。

❹ 取一月亮饼，依序夹入菠菜、去壳切成片的水煮蛋、鲔鱼，并撒上辣椒粉即可。

蛋皮寿司

材料
鸡蛋3个，米饭100克，海苔3片

调料
盐少许，海苔粉2大匙，淀粉1小匙，七味粉、食用油各适量

做法
❶ 鸡蛋打散，加入淀粉、盐和少许水一起搅拌均匀，再放入加有少许食用油的平底锅中煎成蛋皮备用。
❷ 将蛋皮平铺在竹帘上，盖上海苔，于一端放上米饭后，将米饭卷成长条状，再切成段状。
❸ 在寿司卷外表撒上海苔粉和七味粉即可。

蛋黄酱油烤饭

材料
蛋黄1个，米饭适量

调料
酱油、味醂各1小匙，食用油适量

做法
❶ 将蛋黄、酱油和味醂放入容器中拌匀成蛋汁。
❷ 取适量米饭捏紧，整成三角饭团的形状。
❸ 平底锅烧热，倒入少许食用油，放入饭团以小火煎至底面微黄，翻面，刷上蛋汁。
❹ 重复翻面，并多次刷上蛋汁，煎至饭团两面皆呈金黄色泽即可。

焗烤水煮蛋

📋 材料
水煮蛋3个，火腿块30克，奶酪丝20克，芦笋
200克

🧂 调料
沙拉酱3大匙，黑胡椒适量

🍳 做法
1. 将芦笋洗净汆烫后，过冷水冷却，捞起沥
   干盛盘备用。
2. 将水煮蛋去壳，分别用线切成4等份圆片，
   排放至芦笋上。
3. 将调料与火腿块、奶酪丝混合均匀，放至
   水煮蛋片上。
4. 将做法3的半成品放入已预热的烤箱中，以
   上火200℃烤至表面略上色即可。

焗蛋盅

📋 材料
鸡蛋1个，胡萝卜少许，洋葱1/4个，蘑菇5朵，
火腿2片，奶酪丝50克，香芹末少许

🧂 调料
奶酪粉2大匙，盐少许，食用油适量

🍳 做法
1. 将烤箱预热至180℃备用。
2. 鸡蛋打散，加入奶酪粉和盐，搅拌均匀。
3. 将胡萝卜、洋葱、蘑菇洗净切薄片，入锅
   用少许油炒熟，再与蛋液拌匀，盛入耐热
   容器中。
4. 火腿切小片，撒入做法3的容器中，铺上奶
   酪丝，入烤箱烤10分钟至表面呈金黄酥脆
   状，撒上香芹末即可。

咖喱蔬菜焗蛋

材料
水煮蛋2个，奶酪丝30克，西蓝花1/2棵，红甜椒、虾仁各适量

调料
咖喱粉1小匙，盐、黑胡椒各少许，水适量

做法
❶ 将西蓝花洗净修成小朵；红甜椒洗净切小片；虾仁去肠泥洗净，再放入沸水中氽烫过水，备用。

❷ 取一焗烤盘，放入已切片的水煮蛋与做法1的所有材料，最后加入搅拌均匀的调料，撒上奶酪丝，放入预热过的烤箱以200℃烤10分钟至上色即可。

蔬菜烤蛋

材料
鸡蛋1个，洋葱半个，杏鲍菇60克，南瓜100克，西红柿1个，蒜末5克

调料
盐、白胡椒粉、食用油各适量

做法
❶ 洋葱洗净切丝；杏鲍菇洗净切小块；南瓜洗净切滚刀块；西红柿洗净切成6等份，备用。

❷ 取锅烧热，加入适量食用油，炒香蒜末，依序放入做法1的所有材料充分拌炒，再加入少许盐和白胡椒粉调味。

❸ 将做法2的材料放入烤皿中，中央挖洞打入鸡蛋，撒上少许盐和白胡椒粉，放入已预热好的烤箱中，以上火200℃烤5~8分钟至表面略上色即可。

肉末焗蛋

材料
鸡蛋4个，葱20克，猪绞肉80克

调料
盐、白胡椒粉各1/6小匙，酱油、食用油各1小匙

做法
❶ 葱洗净切花；鸡蛋打散搅拌均匀。

❷ 净锅置火上，注入适量清水，烧开后将猪绞肉下入沸水中汆烫至熟，捞出沥干水分备用。

❸ 将鸡蛋、猪绞肉、葱花以及所有调料拌匀，装入焗烤皿备用。

❹ 烤箱预热至200℃，将做法3的焗烤皿放入烤盘，烤盘底部加入100毫升水，放入烤箱以上火200℃、下火200℃烘烤20分钟，至表面呈微黄色即可。

焗鱼片奶酪蛋

材料
鸡蛋2个，鲷鱼片2片，奶酪丝30克，红辣椒1个，西蓝花半棵

调料
盐适量，黑胡椒、米酒各少许

做法
❶ 将鲷鱼片洗净，切成小片状，汆烫备用；西蓝花洗净修成小朵后汆烫；红辣椒切段。

❷ 鸡蛋打散，加入所有调料搅拌均匀。

❸ 取一烤盘，加入做法1的所有材料，再加入搅拌好的蛋液，撒上奶酪丝，放入预热过的烤箱以200℃烤10分钟，至奶酪丝融化上色即可。

西红柿炒蛋

材料
鸡蛋5个，西红柿3个，葱40克，香菜少许

调料
高汤50毫升，番茄酱3大匙，盐1/4小匙，白糖、水淀粉各1大匙，食用油适量

做法
❶ 西红柿洗净切小块；葱洗净切小段；鸡蛋打入碗中，加入盐打匀备用。

❷ 热锅，倒入食用油，小火爆香葱段、西红柿块，再加入番茄酱、高汤、白糖煮开，用水淀粉勾芡后起锅备用。

❸ 另热锅，倒入适量食用油烧热，再倒入蛋液快速炒匀至稍凝固，再加入炒好的西红柿拌炒均匀，撒上香菜即可。

玉米火腿炒蛋

材料
鸡蛋4个，洋葱丁30克，火腿丁80克，玉米粒150克

调料
盐1/4小匙，黑胡椒粉1/6小匙，食用油3大匙

做法
❶ 鸡蛋打入碗中，加入盐、黑胡椒粉打匀。

❷ 热锅，倒入1大匙食用油，放入洋葱丁、火腿丁炒香后，与玉米粒一起放入蛋液中搅打均匀。

❸ 锅洗净烧热，倒入2大匙食用油烧热，倒入蛋液，以中火快速推动至蛋凝固即可。

第二章

晚餐蛋类美食

本章精选70多道晚餐最常吃的简单蛋类美食，比如菜脯煎蛋、蒸蛋、红烧荷包蛋、卤蛋、鱼香烘蛋等，这些蛋类美食大部分清淡爽口，适宜作为晚餐食用。只要随手拿出冰箱中既有的食材，轻轻松松就可以完成晚餐制作。

木须炒蛋

材料
鸡蛋2个，猪肉丝、小黄瓜丝各20克，黑木耳丝、胡萝卜丝、笋丝各15克，蒜末1/4小匙

调料
盐1/2小匙，鸡精1/4小匙，白胡椒粉2克，水适量，水淀粉1小匙，食用油2大匙

做法
1. 猪肉丝、黑木耳丝、胡萝卜丝、笋丝汆烫后过冷水，沥干备用。
2. 鸡蛋打散成蛋液，备用。
3. 热锅，加入1大匙食用油，放入蛋液慢推至凝固，盛出备用。
4. 原锅加1大匙食用油，放入蒜末、小黄瓜丝及做法1的材料略炒，再加入水、盐、鸡精、白胡椒粉炒匀，加入水淀粉勾芡拌匀，再加入炒蛋拌匀即可。

洋葱炒蛋

材料
鸡蛋4个，洋葱1个，蒜5克

调料
黑胡椒粒、盐各1/4小匙，食用油3大匙

做法
1. 洋葱洗净，切成丝；蒜剥皮洗净，剁成蒜末；鸡蛋打入碗中备用。
2. 净锅置火上，加热后倒入1大匙食用油，放入洋葱丝及蒜末，以小火炒至洋葱变成淡褐色即起锅，放入鸡蛋液中，加入盐一起搅打均匀。
3. 平底锅烧热，倒入2大匙食用油烧热，倒入做法2的材料以小火翻炒至蛋液凝固，撒上黑胡椒粒即可。

肉片炒蛋

材料
鸡蛋2个，西红柿半个，猪肉片40克，葱花1/4小匙，水、水淀粉各适量

调料
盐、白糖各1/4小匙，淀粉1小匙，番茄酱2小匙，食用油2大匙

做法
1. 猪肉片加入少许盐和淀粉拌匀略腌；西红柿洗净切滚刀块；鸡蛋打散成蛋液备用。
2. 热锅，加入1大匙食用油，倒入蛋液炒至凝固后盛出备用。
3. 于原锅中加入1大匙食用油，放入猪肉片略炒，再加入水、剩余调料和西红柿块炒匀，加入水淀粉勾芡，再加入炒蛋拌匀，起锅前撒上葱花即可。

胡萝卜丝炒蛋

材料
鸡蛋2个，胡萝卜丝30克，鲜香菇丝20克，洋葱丝10克

调料
盐1/2小匙，鸡精1/4小匙，胡椒粉1/8小匙，食用油2大匙

做法
1. 鸡蛋打散，加入盐、鸡精、胡椒粉充分拌匀为蛋液。
2. 热锅，加入1大匙食用油，放入胡萝卜丝、洋葱丝、香菇丝，以小火炒1分钟。
3. 将做法2的材料盛入蛋液中拌匀，备用。
4. 热锅，加入1大匙食用油，倒入做法3以小火炒90秒即可。

甜椒炒蛋

材料
鸡蛋5个，红甜椒丁40克，青椒丁30克，洋葱丁
20克

调料
甜辣酱2大匙，水淀粉1大匙，食用油3大匙

做法
1. 鸡蛋打散后加水淀粉拌匀，备用。
2. 热锅，加入1大匙食用油，放入洋葱丁、红甜椒丁和青椒丁，炒至洋葱微软后，全部盛入容器中和蛋液混合拌匀。
3. 锅洗净后加热，加入2大匙食用油，放入蛋液材料，以中火快速翻炒至蛋略凝固后，加入甜辣酱拌炒至蛋凝固成型即可。

鱼蓉炒蛋

材料
鸡蛋2个，鲷鱼肉80克，红甜椒20克，葱花适量

调料
淀粉、鸡精、香油各1/4小匙，盐适量，白胡椒粉1/8小匙，食用油2大匙

做法
1. 鸡蛋打散，加入葱花、盐拌匀为蛋液。
2. 鱼肉切丁，加入盐、淀粉、鸡精、白胡椒粉拌匀；红甜椒洗净切丁，备用。
3. 将做法2汆烫、沥干，再加入蛋液一起搅拌均匀。
4. 热锅，加入2大匙食用油，倒入做法3以小火炒至蛋凝固，淋上香油即可。

苋菜炒蛋

材料
鸡蛋3个，苋菜200克，蒜末、红辣椒圈各5克

调料
盐、鸡精各1/2小匙，白糖1/4小匙，香油、食用油各适量，水60毫升

做法
1. 苋菜洗净切段；鸡蛋打成蛋液，备用。
2. 热锅，倒入适量食用油，放入蒜末、红辣椒圈爆香。
3. 倒入蛋液炒至凝固，再加入水拌炒一下，续加入盐、白糖、鸡精调味。
4. 再加入苋菜段炒匀，最后加入香油即可。

酸辣炒蛋

材料
鸡蛋2个，猪绞肉80克，洋葱60克，蒜2瓣，红辣椒、葱各10克

调料
甜鸡酱2大匙，白糖、香油各1小匙，盐、白胡椒粉、柠檬汁、食用油各适量

做法
1. 洋葱洗净切丝；蒜洗净切片；葱、红辣椒洗净切丝。
2. 将鸡蛋以打蛋器搅拌均匀，备用。
3. 取一炒锅，加入1大匙食用油，再加入猪绞肉以中火爆香，续加入做法1的材料，一起爆香。
4. 续于锅中加入蛋液翻炒，最后加入其余调料煮至汤汁略收即可。

卷心菜厚蛋饼

🥗 材料

鸡蛋	2个
低筋面粉	10克
水	20毫升
大馄饨皮	2片
卷心菜丝	120克

🧂 调料

盐	少许
白胡椒粉	少许
食用油	适量
番茄酱	适量

📋 做法

❶ 将材料中的低筋面粉与水混合拌匀成面糊，取少许面糊将2张大馄饨皮黏合成一个长方形，备用。

❷ 将剩余的面糊加入打散的鸡蛋、盐、白胡椒粉拌匀成蛋汁；卷心菜丝泡入冷水中增加脆度，再捞起沥干与蛋汁拌匀，备用。

❸ 以中火加热厚平底煎锅，倒入适量食用油，先铺上馄饨皮，再于馄饨皮上放入做法2的材料，接着再次淋入适量食用油于锅边，能让馄饨皮更酥脆。

❹ 转动馄饨皮，煎至略为酥硬，翻面让卷心菜丝煎熟，再翻回正面，对折两折并切段，盛入盘中，淋上番茄酱即可。

韭菜肉末炒蛋

材料
鸡蛋2个，韭菜、猪绞肉各20克

调料
盐1/4小匙，鸡精、白胡椒粉各1/8小匙，食用油1大匙

做法
1 韭菜洗净切碎，备用。
2 鸡蛋打散成蛋液，备用。
3 热锅，加入1大匙食用油，放入蛋液炒熟盛出，备用。
4 原锅放入猪绞肉炒至变白，再加入韭菜、炒蛋、其余调料，快炒1分钟即可。

炸蛋炒肉片

材料
鸡蛋2个，猪肉片50克，红甜椒片、青椒片、洋葱片各15克，蒜末1/2小匙

调料
盐、胡椒粉各1/2小匙，白糖、食用油各适量

腌料
白糖1/4小匙，酱油、米酒、淀粉各1/2小匙

做法
1 猪肉片加入所有腌料拌匀，静置10分钟；鸡蛋打散成蛋液，备用。
2 热锅，加入1大匙食用油，放入肉片炒至干盛出；原锅加入2大匙食用油，倒入蛋液炸成蛋丝，盛出沥油。
3 原锅加入食用油烧热，爆香蒜末、红甜椒片、青椒片、洋葱片，加入蛋丝、肉片、其余调料炒匀即可。

芙蓉炒蛋

材料
鸡蛋3个，火腿丝、葱丝、笋丝各20克，泡发香菇丝、胡萝卜丝各10克，香菜少许

调料
盐1/4小匙，白胡椒粉1/6小匙，水淀粉1大匙，食用油3大匙

做法

1. 鸡蛋打散，加入盐、白胡椒粉、水淀粉打匀成蛋液。
2. 热锅，加入1大匙食用油烧热，加入葱丝、火腿丝、胡萝卜丝、香菇丝以及笋丝，炒至变软后取出，加入蛋液中打匀。
3. 将锅洗净，热锅后加入2大匙食用油烧热，转至中火，加入蛋液快炒至蛋液凝固，盛出放上香菜叶装饰即可。

青豆炒蛋

材料
鸡蛋3个，青豆、胡萝卜各10克，葱1/3根

调料
盐1小匙，鸡精1/2小匙，七味粉、食用油各适量

做法

1. 鸡蛋打散成蛋液；胡萝卜洗净去皮切丁；葱洗净切葱花，备用。
2. 将做法1的材料混合在一起，再加入青豆、盐、鸡精拌匀。
3. 热锅，倒入适量食用油，倒入蛋液，以中小火煎至成型，表面仍滑嫩，立即炒散。
4. 起锅盛盘，撒上七味粉即可。

四季豆炒蛋

材料
鸡蛋3个，四季豆200克，培根2片

调料
盐、白胡椒粉各少许，姜末、白醋各1/2小匙，食用油适量

做法

1. 将鸡蛋打入容器中，加入除食用油以外的其他调料拌匀。
2. 四季豆去蒂洗净，切成1厘米长的粗丁状；培根切片，备用。
3. 取锅烧热，倒入适量食用油，放入四季豆丁和培根片拌炒，盛起备用。
4. 续于锅中放入蛋液，用筷子搅拌成粒状，再加入四季豆丁和培根片略拌炒即可。

鲑鱼松炒蛋

材料
鸡蛋3个，鲑鱼肉1片，洋葱1/4个，蒜2瓣，红辣椒1/3个，葱花少许

调料
盐、白胡椒粉、香油各少许，米酒1小匙，食用油适量

做法

1. 洋葱洗净切小丁；蒜洗净切碎；红辣椒洗净切圈，备用。
2. 取锅，将鲑鱼肉煎熟，剥成小块；鸡蛋打成蛋液，倒入锅中炒成蛋松，备用。
3. 另取锅，加入少许油，放入做法1的材料爆香后，再加入鲑鱼丁、蛋松和其余调料翻炒均匀，再撒上葱花即可。

鲜蚵炒蛋

材料
鸡蛋3个，鲜蚵200克，蒜末、姜丝各10克，红辣椒1个，罗勒适量

调料
盐1/4小匙，米酒1大匙，酱油、白糖、食用油各少许

做法
1. 鸡蛋打散；鲜蚵洗净、沥干；红辣椒洗净切圈，备用。
2. 热锅，加入2大匙食用油，放入鲜蚵、姜丝、蒜末和红辣椒炒香。
3. 续倒入蛋液翻炒均匀，最后加入罗勒、其余调料拌炒至入味即可。

咖喱炒虾

材料
鸡蛋2个，草虾、胡萝卜片、青椒片各10克，洋葱丁、姜片各20克，罗勒叶少许

调料
咖喱粉、米酒各2大匙，盐1小匙，白糖1大匙，椰奶50毫升，水100毫升，食用油适量

做法
1. 热一锅，倒入少许食用油，放入草虾炒香，再加入洋葱丁炒至透明，续放入胡萝卜片和姜片炒香。
2. 续于锅中放入咖喱粉，以小火拌炒，再倒入米酒拌匀，加入盐和白糖调味，倒入水，以中火烧煮至草虾熟透且汤汁浓稠。
3. 放入青椒片翻炒，倒入打散的鸡蛋炒匀，关火倒入椰奶炒匀，用罗勒叶装饰即可。

蒸鱼蛋

材料
鸡蛋2个，黄鱼1条，姜末、葱末各1/2小匙

调料
盐、香油各1/2小匙，鸡精、白胡椒粉各1/4小匙，料酒、水淀粉各1小匙，食用油2大匙

做法

① 将黄鱼洗净，放置蒸盘上，入锅蒸8分钟至熟，放凉后去皮、去刺、取肉，备用。

② 将蛋清与蛋黄分开，蛋清与鱼肉混合拌匀。

③ 将除食用油以外的调料及姜末、葱末混匀成兑汁。

④ 热锅，加入2大匙食用油，倒入蛋清鱼肉以小火慢炒至蛋清凝固，再加入兑汁轻轻拌匀，盛盘后于表面放上1个蛋黄即可。

干贝韭黄炒蛋

材料
鸡蛋3个，韭黄250克，干贝2颗，蒜末10克，红辣椒丝5克

调料
盐、白糖各1/4小匙，干贝汁、米酒、香油、食用油各少许

做法

① 干贝略洗净，加入米酒泡一晚，放入电饭锅蒸15分钟，再焖5分钟后取出压丝。

② 鸡蛋打散；韭黄洗净切断，头尾分开。

③ 热锅，加入少许食用油，将蛋液炒热取出。

④ 续于锅中加入1大匙食用油，放入蒜末、韭黄头炒香，再放入红辣椒丝、韭黄尾、炒蛋炒一下，加入其余调料、干贝丝炒至均匀入味即可。

烧鳗鱼蛋豆腐

材料

鸡蛋3个，熟鳗鱼200克，板豆腐200克，韭菜花少许

调料

盐、白胡椒粉各少许，米酒、酱油各1大匙，味酥1/2大匙，食用油适量

做法

① 板豆腐放入沸水中汆烫捞起，切成6片；鳗鱼切块；韭菜花洗净切段备用。

② 将鸡蛋打散，加入盐、白胡椒粉搅匀。

③ 净锅烧热，加入适量食用油，倒入蛋液炒成片块状，盛起备用。

④ 原锅加入适量食用油，放入韭菜段炒香盛起，转小火，将豆腐片煎至双面上色。

⑤ 再加入剩余调料煮至入味，依序放入鳗鱼块、蛋块、韭菜段炒匀即可。

蛤蜊蛋炒丝瓜

材料

鸡蛋2个，蛤蜊15个，丝瓜1/2条，姜、葱、红椒丝各少许

调料

鸡精、白糖各1小匙，盐1小匙，白胡椒粉少许，香油1小匙，米酒1大匙，水、食用油各适量

做法

① 将丝瓜去皮洗净后，切成大块状，备用。

② 姜洗净切片；葱洗净切段；蛤蜊吐沙洗净；鸡蛋打成蛋液备用。

③ 起一个炒锅，倒入适量食用油，爆香姜片、葱段后，加入丝瓜块翻炒一下，再加入蛋液、蛤蜊与其余调料，盖上锅盖，以小火焖煮1分钟至蛤蜊全开口即可。

洋葱玉米滑蛋

材料
鸡蛋3个，洋葱10克，胡萝卜5克，玉米粒15克，葱1/2根，水淀粉1小匙，葱花少许

调料
盐1小匙，鸡精1/2小匙，食用油适量

做法
1. 鸡蛋打散成蛋液；洋葱、胡萝卜去皮洗净切丝；葱洗净切成葱花，备用。
2. 将做法1的材料混合在一起，再加入玉米粒、盐、鸡精与水淀粉拌匀。
3. 热锅，倒入适量食用油，倒入蛋液，以中小火煎至成型但表面仍呈滑嫩状，立刻起锅，撒上葱花即可。

蛋皮炒三丝

材料
鸡蛋2个，胡萝卜50克，甜豆50克，豆干3片

调料
香油1小匙，盐、白胡椒粉、米酒、食用油各少许

做法
1. 鸡蛋打入碗中，拌匀成蛋液备用。
2. 将胡萝卜、甜豆和豆干洗净，全都切成丝状备用。
3. 取炒锅，先加入1大匙食用油，倒入蛋液以小火煎成双面熟透的蛋皮，再切成丝状。
4. 续于锅中放入蛋皮丝和做法2的所有材料，以中火翻炒均匀后，再加入其余调料炒匀即可。

菜脯煎蛋

📋 **材料**
鸡蛋3个，碎萝卜干50克，葱花20克

🍶 **调料**
盐、白胡椒粉各1/6小匙，食用油2大匙

🍳 **做法**
❶ 碎萝卜干略洗净后沥干，放入锅中，以小火炒干水分后盛起。
❷ 鸡蛋打散后，加入碎萝卜干、葱花、盐、白胡椒粉拌匀备用。
❸ 锅洗净，热锅加入2大匙食用油，倒入做法2的材料，开中火快速将蛋拌至略凝固后，改转小火煎至定型。
❹ 续煎至微金黄后，翻面再以小火煎1分钟，至金黄盛起即可。

葱花煎蛋

📋 **材料**
鸡蛋3个，葱花40克

🍶 **调料**
盐1/4小匙，白胡椒粉1/6小匙，食用油3大匙

🍳 **做法**
❶ 鸡蛋打散，加入葱花、盐、白胡椒粉拌匀备用。
❷ 热锅加入3大匙食用油，倒入做法1的材料，开中火快速将蛋拌至略凝固，转小火煎至定型。
❸ 续煎至微金黄后，翻面再以小火煎1分钟，至金黄盛起即可。

蛋松

📋 **材料**
鸡蛋4个，香芹末少许

🧂 **调料**
无盐奶油3大匙，盐1/4小匙

🍳 **做法**
① 鸡蛋打散，加入盐拌匀后备用。
② 热锅后，加入无盐奶油至完全融化。
③ 快速倒入蛋液。
④ 开中火以锅铲快速拌炒，炒至蛋液凝固松散盛盘，撒上香芹末即可。

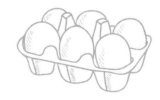

桂花米酒蒸蛋

📋 **材料**
鸡蛋2个，米酒100毫升，水300毫升

🧂 **调料**
桂花酱适量

🍳 **做法**
① 桂花酱加少许水调匀备用。
② 鸡蛋打散，加水拌匀，加入米酒拌匀，倒入蒸碗中后，放入水已煮沸的蒸锅中，以大火蒸5分钟，再改中火蒸8分钟。
③ 打开锅盖，倒入桂花酱，蒸2分钟即可。

韭菜花炒蛋丝

材料
鸡蛋1个，韭菜花200克，黑木耳15克，蒜末、红辣椒丁各适量

调料
盐1/4小匙，鸡精、胡椒粉各少许，米酒1/2小匙，食用油适量

做法
1. 韭菜花洗净切段；黑木耳泡发洗净切丝。
2. 鸡蛋打散，加少许盐、水淀粉（材料外）拌匀。
3. 热锅加少许食用油，倒入蛋液，煎成蛋皮后取出切丝，备用。
4. 热锅，放入1/2大匙食用油，爆香蒜末、红辣椒丁，加入韭菜花段，以大火炒匀，再加入其余调料、蛋皮丝炒至入味即可。

黄埔蛋

材料
鸡蛋5个，蒜末5克，笋丁50克，胡萝卜丁、青豆各10克，葱花、黑木耳丁各20克，香菜少许

调料
盐少许，水100毫升，酱油1大匙，水淀粉2大匙，香油、白糖各1小匙，食用油适量

做法
1. 鸡蛋打散，加入少许盐及1大匙水淀粉搅打均匀；锅底抹少许食用油，将蛋液分次入锅摊平，煎至半熟成薄蛋皮状，用锅铲把蛋皮切成6等份，一片一片排入盘中备用。
2. 锅底加少许食用油，小火爆香蒜末，加入笋丁、胡萝卜丁、黑木耳丁、青豆炒香。
3. 加入水、酱油、白糖煮开，用1大匙水淀粉勾芡，淋上香油，盛出放至蛋皮上，撒上葱花，摆上香菜即可。

韭菜煎蛋

材料
韭菜60克，鸡蛋4个，葱1根

调料
盐1小匙，食用油适量

做法
1. 韭菜洗净切碎；葱洗净切末，备用。
2. 鸡蛋打入碗中备用。
3. 将做法1的材料加入鸡蛋中，加入盐打匀。
4. 锅烧热，放入适量食用油，加入韭菜蛋液，煎至两面金黄即可。

鸡蛋煎虾皮

材料
鸡蛋3个，葱1根，蒜2瓣，红辣椒1/3个，玉米粒、虾皮各2大匙

调料
盐、白胡椒粉各少许，香油、米酒各1小匙，食用油适量

做法
1. 鸡蛋洗干净，打入碗中备用。
2. 将葱、蒜和红辣椒洗净，均切碎末状；虾皮先泡入米酒中。
3. 取容器，放入做法1、做法2的材料、玉米粒和除食用油以外的所有调料，用打蛋器搅匀。
4. 取炒锅烧热，先加入1大匙食用油，再倒入做法3搅拌好的材料，以中小火煎至双面均熟，香味溢出，盛出切块即可。

葱香豆芽煎蛋

材料
绿豆芽100克，薄五花肉片60克，鸡蛋3个，葱适量

调料
盐4克，白胡椒粉2克，酱油1/3小匙，米酒、香油各1/2小匙，食用油适量

做法
1. 绿豆芽洗净，快速汆烫30秒，捞起沥干。
2. 薄五花肉片切段，加入盐2克、白胡椒粉1克、酱油、米酒拌匀；葱洗净切长段。
3. 将鸡蛋打入碗中，加入盐2克、白胡椒粉1克，混合拌匀成蛋液。
4. 热锅倒入食用油，放入做法2的材料炒香后，加入绿豆芽拌炒，再倒入蛋液中。
5. 热锅，倒入适量食用油，倒入豆芽蛋液煎成双面金黄，切片盛盘、淋入香油即可。

蛋饺

材料
鸡蛋4个，绞肉150克，水淀粉适量，香菜少许

调料
酱油、米酒各1/2大匙，盐1/2小匙，淀粉、食用油各少许

做法
1. 将鸡蛋打散，加入水淀粉打匀，过筛。
2. 将绞肉放入容器中，加入除食用油以外的所有调料拌匀成内馅。
3. 取一圆底炒锅，锅底抹上少许食用油，倒入适量蛋液，以小火微煎。
4. 再放入适量内馅，将蛋皮对折略压一下，煎至两面熟，装盘，放上香菜装饰即可。

蚵仔煎蛋

材料
鸡蛋3个，鲜蚵150克，葱花20克，香菜适量

调料
水淀粉、番茄酱各1大匙，盐适量，食用油3大匙

做法
1. 烧一锅沸水，将洗净的鲜蚵倒入水中汆烫5秒后，捞出沥干水分，备用。
2. 鸡蛋打散后，加入葱花、蚵仔、水淀粉及盐打匀成蛋液备用。
3. 热锅，加入3大匙食用油烧热，转至中火，将蛋液倒入锅中，煎至两面呈金黄后起锅盛盘，淋上番茄酱、放上香菜即可。

五彩煎蛋

材料
鸡蛋5个，青豆、玉米粒、胡萝卜、洋葱各5克，鲜香菇1朵，葱1/2根

调料
盐1大匙，鸡精1/2小匙，白胡椒粉少许，食用油适量

做法
1. 鸡蛋打散成蛋液；胡萝卜、洋葱洗净去皮切丁；鲜香菇洗净切丁；葱洗净切葱花，备用。
2. 将所有材料混合在一起，再加入除食用油以外的全部调料拌匀。
3. 热锅，倒入适量食用油，倒入蛋液以中小火煎至底部上色，再翻面煎至上色，起锅切片即可。

芙蓉煎蛋

材料
鸡蛋2个，水淀粉1小匙，叉烧丝20克，洋葱丝、小黄瓜丝、绿豆芽各15克，鲜香菇（丝）2朵

调料
盐1/2小匙，鸡精、白胡椒粉各1/4小匙，食用油适量

做法
1. 热锅，加入1大匙食用油，放入叉烧丝、洋葱丝、小黄瓜丝、鲜香菇丝、绿豆芽，以小火炒1分钟后盛出，备用。
2. 鸡蛋打散，加入水淀粉与除食用油以外的所有调料混合打匀，加入做法1的材料拌匀。
3. 加热平底锅，放入1大匙食用油，倒入做法2的材料，以小火将两面各煎3分钟，至金黄熟透即可。

鲑鱼丝瓜煎蛋

材料
鸡蛋3个，丝瓜、鲑鱼各100克，葱花15克，面粉适量

调料
盐、白糖、鸡精各1/4小匙，米酒1小匙，食用油2大匙

做法
1. 丝瓜去皮洗净，切开、去籽，切成小丁，再均匀沾裹上面粉，备用。
2. 鸡蛋打散成蛋液；鲑鱼洗净切小丁。
3. 将除食用油以外的所有调料及所有材料都加入蛋液中混合均匀。
4. 热锅，倒入2大匙食用油，倒入蛋液煎至两面金黄即可。

腊味丝瓜烙

材料

鸭蛋2个，腊肉100克，丝瓜150克，菜脯、红葱头末、虾米各30克，熟花生碎50克，香菜少许

调料

地瓜粉2大匙，鱼露1大匙，白糖1小匙，白胡椒粉1/4小匙，食用油适量

做法

1. 将腊肉洗净切丁；菜脯和虾米剁碎；丝瓜去皮洗净切丝。
2. 起一油锅，将腊肉丁、菜脯碎、虾米碎和红葱头末炒香，取出备用。
3. 将丝瓜丝、做法2的材料、鸭蛋和除食用油外的所有调料全部混合拌匀。
4. 于锅中加少许食用油烧热，倒入做法3的材料，煎成圆片，定型后翻面，煎至金黄起锅，切片后撒上花生碎，放上香菜即可。

西班牙煎蛋

材料

鸡蛋4个，红甜椒丝、黄甜椒丝各30克，小松菜叶30克，面粉2大匙

调料

盐1/2小匙，奶酪丝50克，奶油、鲜奶油各1小匙

做法

1. 鸡蛋打散，加入盐和面粉混合拌匀。
2. 取平底锅，放入奶油至融化后，倒入面糊，以中火煎至面糊快熟时，放进甜椒丝、小松菜叶，再翻面煎至表面熟后即可盛盘。
3. 将奶酪丝放入鲜奶油内加热，呈稠丝状，再淋至煎蛋上即可。

红烧荷包蛋

材料

鸡蛋	3个
猪肉片	40克
葱	20克
姜	20克
红辣椒	1个

调料

水	200毫升
酱油	2大匙
白糖	1小匙
香油	1小匙
食用油	适量

做法

1. 热锅，倒入4大匙食用油，将鸡蛋分别打入锅中，煎成表面酥黄的荷包蛋，捞出沥干备用。
2. 葱洗净切小段；姜洗净切丝；红辣椒洗净切条备用。
3. 热锅，倒入2大匙食用油，将猪肉片放入锅中，炒至肉片散开表面微焦后，放入葱段、姜丝、红辣椒条及水、酱油、白糖及荷包蛋。
4. 转小火煮开2分钟，至水分略收干，淋上香油即可。

香油腰花煮蛋

材料
鸡蛋3个，腰花1副，姜20克，葱1根

调料
香油2大匙，米酒1大匙，白胡椒粉少许

做法
1. 腰花洗净切花刀再切大片，放入沸水中汆烫八分熟后，捞起沥干备用。
2. 姜洗净切片；葱洗净切段备用；鸡蛋洗干净，打入容器中。
3. 取炒锅，先加入香油和姜片，以中小火将姜片先煸香，加入鸡蛋煎至半熟。
4. 接着加入腰花、葱段和米酒，以小火续煮10分钟后，再加入少许白胡椒粉即可。

吻仔鱼烘蛋

材料
吻仔鱼80克，鸡蛋5个，蒜末5克，葱花20克，香菜少许

调料
盐1/4小匙，米酒1大匙，食用油4大匙

做法
1. 鸡蛋打入碗中，放入葱花、盐、米酒一起打匀备用。
2. 热锅，倒入2大匙食用油，将蒜末放入锅中以小火爆香，再加入吻仔鱼炒至鱼身干香后起锅，将炒过的鱼加入蛋液中，一起搅打均匀。
3. 热平底锅，放入2大匙食用油烧热，倒入蛋液以小火煎至两面金黄，最后放上香菜装饰即可。

鲜菇烘蛋

材料

鸡蛋5个，鲜香菇6朵，蟹味菇50克，蒜2瓣，红辣椒1个，葱1根

调料

水、盐、白胡椒各适量，酱油、香油各1小匙，食用油1大匙

做法

① 先将鲜香菇去蒂洗净，切成小片状；蟹味菇去蒂洗净，切成小段状，备用。

② 葱洗净切葱花；蒜与红辣椒洗净切成丁。

③ 将鸡蛋打入碗中，再加入除食用油以外的所有调料搅拌均匀成蛋液，备用。

④ 取炒锅，先加入1大匙食用油，加入蛋液，再将做法1、做法2的材料依序加入蛋液中，盖上锅盖，以小火煎至蛋全熟即可。

意大利烘蛋

材料

鸡蛋4个，土豆100克，迷迭香1/4小匙，腊肠丁20克，洋葱丁、红甜椒丁、黄甜椒丁各5克

调料

盐、黑胡椒各1/4小匙，食用油适量

做法

① 鸡蛋打散，加入盐、黑胡椒拌匀；土豆去皮洗净切片，放入沸水中煮熟后，捞出。

② 热一平底锅，放入食用油，加入腊肠丁、洋葱丁、红甜椒丁、黄甜椒丁、土豆片和迷迭香略炒。

③ 续于锅中倒入蛋液，以小火快速炒匀至五成熟，取出直接放入烤箱，以180℃烘烤5分钟至金黄色，取出切片即可。

和风烘蛋

材料

虾仁10只，熟鳗鱼1/4条，蟹味菇20克，新鲜百合10片，白果10颗，鸭儿芹适量

调料

食用油2大匙，奶油1大匙，酱油少许

蛋液

鸡蛋3个，柴鱼素1/2小匙，水60毫升，味酥1小匙，酱油1/4小匙，盐少许

做法

❶ 虾仁洗净后氽烫，加入少许酱油；鳗鱼洗净切小段；蟹味菇洗净去头、蒂，与洗净的百合、白果一起氽烫后捞起沥干；鸭儿芹洗净，切成3厘米长；蛋液材料混合。

❷ 将奶油中加少许油入锅烧融，倒入蛋液、其余材料及调料，边搅动边摇动锅身，煎至半熟时转小火，煎至略焦至熟即可。

胡萝卜烘蛋

材料

鸡蛋3个，胡萝卜丝100克，绞肉末50克，蒜末适量

调料

辣椒酱1大匙，开水3大匙，白糖、番茄酱各1/2小匙，水淀粉1小匙，盐、酱油各1/4匙，食用油、沙拉酱各适量

做法

❶ 鸡蛋打散，加入沙拉酱、盐、酱油打匀成蛋液。

❷ 取平底锅，烧热后加入2大匙食用油，加入胡萝卜丝及绞肉末以小火炒熟，加入蛋液混合，以小火烘至呈金黄色，取出切片。

❸ 原锅爆香蒜末，加入辣椒酱、开水、白糖、番茄酱煮开，以水淀粉勾薄芡成酱汁，淋在蛋片上即可。

腊香烘蛋

材料
腊肠20克，鸡蛋3个，鲜香菇10克，洋葱半个，胡萝卜15克，红甜椒5克，上海青2棵，水淀粉5毫升

调料
盐少许，食用油适量

做法
1. 将腊肠、鲜香菇、洋葱、胡萝卜、红甜椒洗净切丁后，放入油锅中以大火爆香；上海青洗净氽烫备用。
2. 将鸡蛋打散，加入水淀粉和盐搅拌均匀。
3. 热锅，放入2大匙食用油，倒入蛋液，煎至一面熟后，放入做法1中除上海青以外的所有材料，翻面。
4. 煎至双面金黄色即可起锅切片，放上上海青即可。

香草烘蛋

材料
鸡蛋3个，牛奶3大匙，低筋面粉、葱末各1大匙，香菜末、茵陈蒿、香芹末各1/2小匙

调料
盐、黑胡椒粉、食用油各少许

做法
1. 将鸡蛋打散，筛入低筋面粉混合拌匀后，加入其他材料、盐、黑胡椒粉混合均匀。
2. 将食用油均匀布满锅底，用中火加热，加入1大匙黄油（材料外）使其融化后，倒入做法1的材料，用筷子边煎边搅动，并不时摇动锅身，煎至半熟时转小火，盖上锅盖焖煎至略焦，翻面继续烘煎至金黄色即可。

菠菜烘蛋

材料

菠菜段150克，西红柿片50克，盐、黑胡椒少许，奶酪丝30克，鸡蛋3个

调料

盐、黑胡椒各少许，鲜奶油1大匙，食用油、奶油各3小匙

做法

1. 鸡蛋打散，加鲜奶油、盐、黑胡椒打匀。
2. 锅中加1大匙食用油烧热，加入1小匙奶油融化，放进洗净的菠菜段炒软，加入少许盐、黑胡椒调味，并沥除多余水分备用。
3. 锅内加2小匙食用油烧热，加入2小匙奶油融化，倒入蛋液，用筷子边煎边搅动，并摇动锅身，煎至半熟时，铺上奶酪丝、西红柿片和菠菜段，改转小火，盖上锅盖焖煎至略焦，翻面烘煎至金黄色即可。

粉丝烘蛋

材料

粉丝40克，虾米20克，芹菜1根，鸡蛋3个

调料

酱油、味醂各1大匙，盐、食用油各适量

做法

1. 粉丝泡水软化，沥干切碎备用。
2. 虾米略用水泡软，沥干切碎；芹菜去叶洗净，切粗末备用。
3. 鸡蛋打散，加入除食用油之外的所有调料拌匀后，倒入做法1的粉丝混合均匀。
4. 热锅，倒入较多食用油，先爆香虾米碎，再加入芹菜末略炒后，倒入蛋液，待略成型后，翻面煎至烘蛋定型呈金黄色即可。

松子仁翡翠

材料

鸡蛋5个（取蛋清），菠菜叶90克，水100毫升，松子仁10克

调料

绍兴酒1/2小匙，淀粉1大匙，盐1/4小匙，白胡椒粉1/6小匙，食用油适量

做法

1. 菠菜叶洗净沥干水分，与材料中的水一起用果汁机打成汁，滤除纤维，取菠菜汁。
2. 将蛋清、菠菜汁及除食用油以外的所有调料拌匀成蛋液备用。
3. 热锅，加入2大匙食用油烧热，转至小火，将蛋液倒入锅中，顺同方向不停炒至蛋液凝固后盛盘，再撒上松子仁即可。

阳春白雪

材料

鸡蛋4个（取蛋清），虾米1大匙，火腿2片，蒜3瓣，葱1根

调料

盐1小匙，辣油1大匙，食用油适量

做法

1. 蛋清加少许盐（分量外）打至起泡，放入加有少许油的锅中炒成棉花状，盛盘。
2. 虾米泡水至软，取出切碎；火腿切成末；蒜拍扁切末；葱洗净切成葱花，备用。
3. 热油锅，爆香蒜末与虾米，再加入葱花及火腿末、盐调味，最后淋上辣油，盛起铺在蛋白上即可。

麻辣蛋

材料

鸡蛋5个，蒜3瓣，红辣椒1个，葱2根，干辣椒、蒜味花生仁各适量

调料

盐、白胡椒粉、黑胡椒粉各少许，水、辣油各1大匙，香油1小匙，食用油适量

做法

1. 将鸡蛋打散，加入盐、白胡椒粉和水搅拌均匀；蒜、红辣椒、干辣椒洗净切片；葱洗净切成葱花。
2. 起一炒锅，加入1大匙食用油，再加入蛋液，以中小火炒至鸡蛋都结小块且略干燥上色，盛盘备用。
3. 将做法1的其余材料放锅中，以中火爆香，加入做法2的蛋燥拌炒，最后加入其余调料和蒜味花生仁一起翻炒均匀至入味即可。

蒸蛋

材料

鸡蛋2个，水600毫升，水淀粉1大匙，葱丝、红椒丝各少许

调料

盐1小匙

做法

1. 将鸡蛋打入碗中，加入盐和水淀粉，以筷子打散，再加入水打匀成蛋液。
2. 以细网过滤蛋液至蒸碗中。
3. 电饭锅外锅加入适量水，放入蒸架，按开关将水煮沸，再放入做法2，加盖蒸12分钟，最后放上葱丝及红椒丝装饰即可（锅盖以一支竹筷子架住留空隙，蒸蛋的表面才会平滑不起皱）。

瓜仔肉蒸蛋

材料
鸡蛋2个，花瓜100克，猪绞肉150克，葱花适量，水250毫升

调料
酱瓜汁1大匙，酱油1小匙，盐、白糖各少许

做法
1 鸡蛋打散后，加入水搅拌均匀，备用。
2 花瓜洗净切碎，与猪绞肉、所有调料一起拌匀，放入深盘中，倒入蛋液搅拌均匀。
3 将做法2放入电饭锅中，于外锅加入适量水，蒸至开关跳起，放入葱花即可。

培根鸡丝蒸蛋

材料
鸡蛋3个，水适量，培根、胡萝卜各5克，去皮鸡胸肉10克，葱花适量

调料
盐、鸡精各1小匙

做法
1 鸡蛋打散成蛋液；去皮鸡胸肉烫熟后剥丝；培根切碎；胡萝卜去皮洗净切丝。
2 将做法1的材料混合，再加入所有调料与水，搅拌均匀备用。
3 将做法2的蛋液放入容器中，再放入蒸锅中，盖上锅盖留一个小缝，以大火蒸12分钟，撒上葱花即可。

海鲜蒸蛋

材料

鸡蛋2个，干贝1颗，虾仁、墨鱼各40克，蛤蜊60克，豌豆适量，高汤250毫升，水淀粉少许

调料

盐4克，鸡精、酱油、香油、米酒各少许

做法

1. 干贝洗净，加米酒泡软，蒸15分钟压成丝；蛤蜊泡水吐沙后，放入沸水中煮开，待凉取出蛤蜊肉；虾仁洗净；墨鱼洗净切片，虾仁、墨鱼、豌豆一起汆烫后取出。

2. 鸡蛋打散，加入2克盐、高汤、鸡精、酱油搅拌均匀，以筛网过筛倒入深盘中，再将深盘放入蒸笼，将蛋蒸熟。

3. 取锅加入200毫升高汤（分量外）煮沸，放入做法1的材料和2克盐、香油、米酒，以水淀粉勾芡后淋在蒸蛋上即可。

鲜虾洋葱蒸蛋

材料

鸡蛋2个，洋葱丁100克，鲜虾3只，胡萝卜丁60克，玉米粒40克，水60毫升，生菜丝少许

调料

鸡精、盐、白胡椒粉、食用油各适量

做法

1. 鲜虾去壳、去头（保留虾尾）洗净，1只切丁，其余的虾烫至熟，胡萝卜丁烫至软。

2. 热锅，倒入少许食用油烧热，放入洋葱丁以中火炒至香气溢出后盛起。

3. 鸡蛋打散成蛋液，加入水、盐、鸡精、白胡椒粉拌匀，再加入虾丁、胡萝卜丁、洋葱丁及玉米粒拌匀后，等份倒入2个碗里，用保鲜膜封好后戳几个洞，放入电饭锅中，外锅加入适量水，盖上锅盖待开关跳起取出，放上2只虾和少许生菜丝即可。

蛤蜊炖蛋

材料

鸡蛋4个，蛤蜊12个，葱花少许

调料

盐、米酒各1/2小匙，白胡椒粉1/8小匙，水300毫升

做法

1. 蛤蜊泡水吐沙洗净，放入沸水中氽烫20秒取出，剥开留汁，并将汁过滤滤去杂质。
2. 鸡蛋打散，加入所有调料和蛤蜊汁，打匀后过滤，倒入浅盘内。
3. 将蛤蜊放入做法2的盘中，在盘子表面覆盖保鲜膜。
4. 放入蒸锅内，以小火蒸10分钟至摇晃时蛋液凝固，撒上葱花即可。

蛤蜊蒸蛋

材料

蛤蜊150克，枸杞子适量，鸡蛋3个，水250毫升，葱花少许

调料

米酒1/2大匙，盐、鸡精、白胡椒粉各少许

做法

1. 鸡蛋打散过筛；枸杞子洗净备用。
2. 蛤蜊泡水吐沙洗净，放入沸水中氽烫20秒后，取出冲水沥干备用。
3. 在蛋液中加入水和所有调料拌匀，倒入容器中，放入枸杞子、蛤蜊，盖上保鲜膜。
4. 放入电饭锅，外锅加适量水，按下开关，待开关跳起，加入葱花即可。

瓜泥蒸蛋

材料
鸡蛋3个，南瓜泥100克，虾仁2个，西蓝花1朵

调料
盐、白胡椒粉各1/6小匙，高汤200毫升，七味粉少许

做法
1. 虾仁开背去肠泥洗净，西蓝花洗净，分别放入沸水中氽烫10秒钟，捞起沥干。
2. 鸡蛋打散，加入南瓜泥和盐、白胡椒粉、高汤拌匀并过滤，盛入容器中至八分满。
3. 盖上保鲜膜，放入水已煮沸的蒸笼中，以小火蒸10分钟至熟。
4. 蒸好后取出撕去保鲜膜，放入虾仁及西蓝花，再放回蒸笼内蒸1分钟，取出撒上七味粉即可。

蔬菜蒸蛋

材料
鸡蛋3个，秋葵30克，蟹味菇20克，胡萝卜丁25克，玉米粒15克，水400毫升，高汤150毫升，淀粉、水淀粉各少许

调料
盐适量，柴鱼素1/4小匙，味醂1小匙，白胡椒粉、香油各少许

做法
1. 鸡蛋打散，加入少许水、淀粉、盐、柴鱼素、味醂拌匀过筛，盖上保鲜膜蒸熟。
2. 秋葵洗净，放入沸水中焯烫后切片；蟹味菇洗净切丁，与胡萝卜丁一起焯烫备用。
3. 锅中放入适量高汤、盐、柴鱼素、白胡椒粉、香油煮沸后，加入秋葵片、蟹味菇丁、胡萝卜丁、玉米粒煮沸，以水淀粉勾芡，盛在蒸蛋上即可。

海菜蒸蛋

材料

鸡蛋3个，海菜50克，葱花5克，虾仁10只

调料

盐1小匙，水淀粉1大匙，水300毫升

做法

① 将鸡蛋打匀，加入所有调料拌匀，用筛网过滤，放入蒸碗中。

② 海菜拧干水分，和虾仁一起加入蒸碗中。

③ 电饭锅外锅放入适量水，预热至冒热气，放入蒸碗，盖上电锅盖留少许空隙，蒸10分钟至熟取出，撒上葱花即可。

牛肉蒸蛋

材料

鸡蛋3个，牛肉丁80克，葱末、蒜末各5克，红辣椒末10克，葱花、香菜各少许

调料

盐、白胡椒粉各少许

腌料

酱油、香油各1小匙，淀粉少许，水适量

做法

① 鸡蛋洗干净，打入容器中，加入所有调料后用汤匙搅拌均匀，再用筛网过滤。

② 将牛肉丁放入容器中，再加入葱末、蒜末、红辣椒末和混匀的腌料，腌10分钟，取出沥干汤汁备用。

③ 取容器，倒入蛋液，再放入腌好的牛肉，续放入电饭锅中，外锅加入适量水，蒸至开关跳起，取出撒上葱花和香菜即可。

芙蓉蒸蛋

材料
鸡蛋4个，葱1根

调料
盐、白胡椒粉、香油、水淀粉各少许，鸡高汤150毫升

做法
1. 将3个鸡蛋洗干净，打入容器中，加入少许盐和白胡椒粉，用打蛋器搅拌均匀，再使用滤网过滤备用；另一个鸡蛋取蛋清。
2. 葱洗净切碎备用。
3. 取容器，加入搅拌好的蛋液，放入电饭锅中，外锅加适量水，蒸至开关跳起。
4. 取锅，加入鸡高汤和少许白胡椒粉，再加入蛋清以水淀粉勾薄芡。
5. 将煮好的酱汁淋在蒸蛋上，撒上葱碎、滴入香油即可。

泡菜蒸蛋

材料
鸡蛋2个，韩式泡菜100克，金针菇80克，香菜少许

调料
味噌、味醂各1大匙，豆浆100毫升，鸡精少许

做法
1. 金针菇去蒂洗净扭干；韩式泡菜沥干切小块状，一起放入容器中备用。
2. 将味噌慢慢加入豆浆调匀，再加入鸡蛋液、金针菇、泡菜和其余调料拌匀，用细筛网过滤，倒入容器中至八分满，放入蒸锅中，以大火蒸3分钟，再转中小火，锅盖开一个小缝隙蒸10分钟，蒸至蛋液凝固，放上香菜叶和泡菜（分量外）即可。

鸡蛋豆腐

材料
鸡蛋3个，豆浆260毫升

调料
玉米粉1小匙，盐1/2小匙

做法
1. 鸡蛋打至大碗中，加入豆浆、过筛的玉米粉及盐一起充分打匀。
2. 用滤网过滤后，倒入模型容器中。
3. 电饭锅外锅放入蒸架，加适量水，按下开关盖上锅盖，至蒸汽冒起、水开后，将做法2移入锅中。
4. 盖上锅盖，边缘留缝隙使蒸汽能排出，蒸15分钟即可。

彩椒镶蛋

材料
水煮蛋5个，小黄瓜1/4根，苹果、红甜椒、黄甜椒各1/4个

调料
黄芥末、沙拉酱各3大匙，蜂蜜少许

做法
1. 水煮蛋去壳，分别从中切开成两个半圆形，取出蛋黄并将蛋白作为容器。
2. 小黄瓜、苹果以及红甜椒、黄甜椒皆洗净去籽，切小丁备用。
3. 将调料加入蛋黄拌匀，再加入做法2的材料，拌匀成彩椒沙拉，备用。
4. 取蛋白容器，填入适量彩椒沙拉即可。

茶叶蛋

📋 **材料**
鸡蛋10个，卤包1包，红茶包2包

🥢 **调料**
酱油120毫升，水400毫升，白糖30克

🍳 **做法**
1. 将所有调料及卤包、红茶包和鸡蛋放入汤锅中。
2. 汤锅放置炉上，开中火煮开，煮沸5分钟后用铁汤匙将鸡蛋壳敲裂。
3. 以小火持续煮15分钟，关火后，浸泡60分钟即可。

虾仁滑蛋

📋 **材料**
鸡蛋4个，虾仁100克，葱花15克，香菜少许

🥢 **调料**
盐1/4小匙，米酒1小匙，水淀粉2大匙，食用油适量

🍳 **做法**
1. 虾仁挑去肠泥洗净，背部剖开后入锅氽烫，水沸后5秒即捞出冲凉沥干。
2. 鸡蛋打入碗中，加盐打匀后，加入氽烫好的虾仁、米酒、水淀粉及葱花拌匀。
3. 热锅，倒入2大匙食用油，将鸡蛋再拌匀一次后倒入锅中，以中火翻炒至蛋凝固，盛出撒上香菜即可。

三杯黄金蛋

材料
水煮蛋3个，姜1小段，蒜4瓣，红辣椒1个，罗勒3根

调料
白糖、盐、白胡椒粉、水淀粉各少许，酱油膏、面粉各1大匙，食用油适量

做法
1. 水煮蛋去壳切成块状，均匀裹上面粉，放入油温为180℃的油锅中炸成金黄色，取出沥干油，备用。
2. 姜、蒜、红辣椒都洗净切成片状，备用。
3. 取一炒锅，加1大匙食用油，加入做法2的材料以中火煸香，续加入炸蛋块和盐、白胡椒粉、酱油膏、白糖拌炒均匀。
4. 煮至汤汁略收，再加入水淀粉勾薄芡，最后加入罗勒叶翻炒均匀即可。

溏心蛋

材料
鸡蛋6个，葱段、姜片各30克，米酒3大匙，凉开水600毫升

调料
酱油200毫升，味醂60毫升

做法
1. 将除鸡蛋以外的所有材料混合拌匀成卤汁备用。
2. 汤锅中加入1200毫升水（水量要足以盖过鸡蛋），放入2大匙盐（材料外），冷水时放入鸡蛋，用中火煮至水开，再煮4分钟后取出鸡蛋，立即用冷水冲凉。
3. 泡水至鸡蛋凉后，将蛋壳剥除，放入卤汁中浸泡冷藏1天即可。

绍兴酒蛋

材料
鸡蛋10个，当归3克，枸杞子5克

调料
绍兴酒300毫升，水200毫升，盐1小匙，白糖1/4小匙

做法
1. 当归切小片，与枸杞子、水、盐、白糖一起小火煮开1分钟后放凉，待汤汁凉后倒入绍兴酒。
2. 汤锅中加入1200毫升水（水量要足以盖过鸡蛋），放入2大匙盐（材料外），冷水时放入鸡蛋，用中火煮至水开后，再煮4分钟后取出鸡蛋，立即用冷水冲凉。
3. 泡水至鸡蛋凉后将蛋壳剥除，放入做法1的酒汁中浸泡冷藏1天即可。

肉臊卤蛋

材料
鸡蛋6个，猪绞肉150克，香菜叶、葱花各适量，水600毫升

调料
酱油80毫升，白糖1/2小匙，米酒2大匙，胡椒粉、盐、食用油各少许

做法
1. 鸡蛋洗净，放入冷水中煮沸，再以小火将鸡蛋煮熟后捞出，泡冷水降温后去壳。
2. 将水煮蛋加入1大匙酱油（分量外）、适量水（分量外）泡至上色。
3. 热锅，加入1大匙食用油，放入猪绞肉炒至变色，再放入葱花炒一下。
4. 加入其余调料和600毫升水，倒入卤锅中，放入蛋卤30分钟，撒上香菜叶即可。

红曲蛋

材料
鸡蛋10个，葱段、姜片各30克，香菜少许

调料
水150毫升，盐1/4小匙，白糖2大匙，红曲酱200克，食用油适量

做法
① 汤锅中加入1200毫升水（水量要足以盖过鸡蛋），放入2大匙盐（材料外），冷水时放入鸡蛋，用中火煮至水开后，再煮10分钟后，关火浸泡5分钟，将鸡蛋去壳。
② 将葱段及姜片拍松，锅中下少许食用油，放入葱段、姜片以小火爆香，再放入其余调料，煮沸后放入鸡蛋，转小火煮5分钟后，关火浸泡2小时，撒上香菜即可。

麻辣卤蛋

材料
鸡蛋10个，葱2根，姜、干葱头各30克，蒜20克，干辣椒10克

调料
辣椒酱50克，水800毫升，酱油200毫升，白糖4大匙，盐2大匙

卤包香料
八角7克，孜然3克，桂皮、甘草、花椒各10克

做法
① 汤锅中加入1200毫升水，放入2大匙盐，冷水时放入鸡蛋煮熟，取出鸡蛋去壳。
② 将葱、姜、蒜及干葱头洗净剁碎后入油锅爆香，加入辣椒酱及干辣椒炒香，加入水、酱油、白糖及卤包香料，煮沸后放入鸡蛋，再煮沸后关火，浸泡2小时即可。

第三章

餐厅热门蛋类美食

　　滑蛋牛肉、茶蒸碗、厚蛋烧、蛋酥虾仁、芙蓉炒蟹……这些超美味的蛋类美食，平常我们大多只能在餐厅中吃到。本章特意选取了最热门、最美味的餐厅蛋类美食，详细地讲解餐厅大厨烹制菜肴的美味秘诀，让你在家里也能吃到正宗的蛋类美食。

梅香溏心蛋

材料
鸡蛋6个，紫苏梅6颗，洋葱丝50克

调料
紫苏梅汁、梅酒各50毫升，盐1/2小匙，白糖2大匙，凉开水200毫升

做法
1. 取一锅，放入鸡蛋，加入1500毫升的水盖过鸡蛋，放入3大匙盐（材料外），中火煮沸后，再煮4分钟，取出鸡蛋立即用冷水冲凉，再将蛋壳剥掉备用。
2. 将洋葱丝、紫苏梅及所有调料拌匀，放入鸡蛋，放入冰箱冷藏1天后即可食用。

药膳卤蛋

材料
鸡蛋10个，当归、党参、枸杞子各5克，参须7克，黑枣4颗，熟地黄4克

调料
米酒100毫升，水700毫升，盐、白糖各1小匙

做法
1. 将除鸡蛋外的所有材料及所有调料小火煮开，1分钟后放凉。
2. 汤锅中加入1200毫升水（水量要足以盖过鸡蛋），放入2大匙盐（材料外），冷水放入鸡蛋，用中火煮至水开后，再煮4分钟，取出鸡蛋立即用冷水冲凉。
3. 泡水至鸡蛋凉后，将蛋壳剥除，放入做法1的汤汁中浸泡冷藏1天即可。

滑蛋牛肉

材料

鸡蛋2个，牛肉片30克，葱花适量

调料

酱油、米酒、淀粉各1/2小匙，盐1/4小匙，鸡精、白胡椒粉各1/8小匙，食用油适量

做法

① 将牛肉片加入酱油、米酒、淀粉拌匀，静置15分钟，备用。

② 牛肉片倒入油温为120℃的油锅内过油，至肉色变白后捞出。

③ 鸡蛋打散，加入盐、鸡精、白胡椒粉，混合打匀成蛋液。

④ 再加入牛肉片、葱花，一起混合均匀。

⑤ 热锅，加入2大匙食用油，倒入做法4的材料，以小火用锅铲慢推蛋液，直到凝固呈八成熟即可。

滑蛋鱼片

材料

鸡蛋2个，鲷鱼片2片，葱段、红椒片各10克，洋葱丝30克，小豆苗少许

调料

盐、白胡椒粉、米酒各1小匙，水淀粉、食用油各适量

腌料

盐适量，白胡椒粉少许，米酒、香油、淀粉各1小匙

做法

① 鲷鱼切成大片，放入所有腌料腌10分钟，再放入沸水中氽烫，捞起沥干水分。

② 取炒锅烧热，加入1大匙食用油，再加入葱段、红椒片、洋葱丝爆香，加入鱼片、蛋液与盐、白胡椒粉、米酒一起翻炒均匀，最后加入水淀粉勾薄芡，放上小豆苗即可。

滑蛋猪排

材料
猪里脊肉250克，洋葱丝、面粉、葱段各30克，鸡蛋3个，柴鱼片15克，苜蓿芽50克，蛋液40克，面包粉50克

调料
柴鱼高汤300毫升，味醂100毫升，盐、白胡椒粉、白糖、七味辣椒粉、食用油各少许

做法
❶ 猪里脊肉沾裹上蛋液、面粉、面包粉，放入油锅中炸至金黄，沥油、切片。

❷ 起锅，加入1大匙食用油，放入洋葱丝和葱段爆香，加入柴鱼高汤、味醂煮沸，加入其他调料煮匀，放入猪排片煮至上色，转小火，加入2个打散的鸡蛋烩煮一下，关火，淋入剩余蛋液，盛入铺放苜蓿芽的盘中，并撒上柴鱼片和七味辣椒粉即可。

照烧亲子滑蛋

材料
鸡蛋3个，鸡腿1只，洋葱丝30克，烫熟豌豆荚5根，海苔丝少许

调料
酱油、米酒、味醂、食用油各适量，白糖1/2大匙，水100毫升

做法
❶ 将少许酱油、米酒、味醂、水混合拌匀。

❷ 鸡蛋打匀成蛋液；鸡腿洗净切块。

❸ 热油锅，放入鸡腿肉块，小火将鸡腿肉块煎至金黄，再加入剩余酱油、米酒和白糖拌炒至入味，盛盘备用。

❹ 原锅放入做法1的材料和洋葱丝，煮至洋葱丝变软，以划圈的方式淋入蛋液，呈半熟状态时，倒入装有鸡腿肉的盘内，放上海苔丝、豌豆荚装饰即可。

丝滑莴苣

材料
鸡蛋1个，莴苣200克，猪绞肉120克，蒜末、红辣椒末各10克

调料
香油1小匙，盐、白胡椒粉、淀粉各少许，水200毫升

做法

1. 先将莴苣洗净去蒂，再将叶子泡水。
2. 取一个炒锅，加入1大匙食用油（材料外），再加入猪绞肉、蒜末、红辣椒末，以中火先爆香，接着放入所有调料炒匀。
3. 倒入打散的蛋液，关火让蛋成滑嫩状。
4. 将莴苣放入沸水中略为汆烫后，捞起沥干水分盛入盘中，最后将做法3的材料淋在莴苣上即可。

老烧蛋

材料
鸡蛋3个，竹笋片20克，胡萝卜片、香菇片、小黄瓜片、红辣椒片、姜片各10克

调料
素蚝油、酱油各1大匙，水200毫升，白糖、水淀粉、香油各1小匙，食用油适量

做法

1. 鸡蛋打散，放入油锅中煎成型后，取出。
2. 油锅烧热，将香菇片、竹笋片、胡萝卜片、小黄瓜片、红辣椒片、姜片放入锅中炒香，再加入煎蛋与素蚝油、酱油、水、白糖煮至汤汁略干，加入水淀粉勾芡并淋上香油即可。

西施虾仁

材料
鸡蛋6个（取蛋清），草虾仁10只，葱花1大匙

调料
盐1/2小匙，淀粉2小匙，高汤、食用油各适量

做法
❶ 草虾仁剖两半，去肠泥，洗净后用纸巾吸干水分备用。
❷ 盐和淀粉加入高汤里拌匀，加入蛋清和葱花，用筷子打匀。
❸ 热锅加入食用油，放入草虾仁，煎至两面金黄至熟。
❹ 续放入蛋液，以小火慢慢推炒至蛋清凝固即可。

蛋酥虾仁

材料
鸡蛋2个，虾仁300克，葱花1小匙

调料
盐、米酒、白胡椒粉、香油、淀粉各少许，食用油适量

做法
❶ 盐、米酒、白胡椒粉、香油拌匀，放入虾仁，再加入淀粉拌匀，静置10分钟；鸡蛋打散成蛋液，加少许盐拌匀。
❷ 油锅烧至180℃，蛋液边过筛，边加入油锅中，香酥后捞起沥油，一部分盛盘铺底。
❸ 油锅烧至140℃关火，放入虾仁以余温略炸熟，再开火炸至金黄，捞起沥油。
❹ 热锅加少许食用油，爆香葱花，加入虾仁、盐和剩余蛋酥炒匀，放在做法2的盘中即可。

蛋酥草虾

材料
鸡蛋2个，草虾6只，蒜末、红辣椒末各1/2小匙，葱花1小匙

调料
盐、白糖各1/2小匙，食用油适量

做法
1. 草虾剪去尖头、尾尖、脚，背部剪开，放入油温为180℃的油锅内，炸至表面金黄酥脆捞出。
2. 鸡蛋只取蛋黄，打散成蛋黄液，备用。
3. 热锅，放1大匙食用油，倒入蛋黄液。
4. 以小火用锅铲快速搅拌，推匀至成细丝。
5. 续炒至蛋黄液膨胀呈浅棕色，再放入蒜末、红辣椒末、葱花炒匀。
6. 接着加入其余调料及草虾，快速翻炒均匀即可。

芙蓉炒蟹

材料
鸡蛋2个，青蟹1只，姜末20克，葱段20克，淀粉1小匙，水适量

调料
盐、胡椒粉、酒、食用油各适量

做法
1. 螃蟹清洗干净、切小块，拍破蟹钳，撒上1小匙淀粉，抓匀备用。
2. 将螃蟹块放入油温为160℃的油锅内，以小火炸1分钟，捞出、沥油。
3. 鸡蛋打散，加入少许盐（分量外）打散。
4. 热锅，放入2大匙食用油，倒入蛋液，炒至凝固盛出；原锅放入姜末、葱段，以小火炒至金黄，再放入螃蟹块、水及其余调料，以小火煮至汤汁收干，再加入炒蛋一起拌炒匀即可。

咖喱炒蟹

材料
鸡蛋1个，花蟹2只，洋葱丝100克，葱段80克，蒜末20克，红辣椒丝30克，芹菜段120克，淀粉60克

调料
咖喱粉30克，酱油20毫升，蚝油50克，高汤200毫升，白胡椒粉、食用油各适量

做法
❶ 花蟹洗净切块，拍上适量淀粉，放入油锅，以中火炸至八成熟，捞起沥油。
❷ 取炒锅烧热，加入食用油，放入蒜末、洋葱丝、葱段、红辣椒丝和芹菜段爆香，加入其余调料，再放入炸好的花蟹炒匀，并以小火焖烧将高汤收至快干。
❸ 最后加入打散的鸡蛋液，以小火收干汤汁即可。

绍子香蛋

材料
猪绞肉100克，豆干丁、鲜香菇丁各50克，鸡蛋4个，葱花10克

调料
辣油、白糖、盐、水淀粉各1大匙，水2大匙

做法
❶ 将鸡蛋打入容器内，均匀打散后备用。
❷ 热一锅，放入少许食用油（材料外），将蛋液倒入，煎至两面金黄后盛起。
❸ 锅中留余油，放入猪绞肉炒香，再加入鲜香菇丁、豆干丁及所有调料炒匀盛起。
❹ 将炒好的材料倒在完成的煎蛋上，再加上葱花装饰即可。

土豆烘蛋

材料
鸡蛋3个，土豆300克，洋葱1/2个，培根3片，奶油40克，香芹末少许

调料
盐、白胡椒粉各少许，食用油适量

做法

❶ 洋葱洗净切丝；培根切小段；土豆洗净去皮切丝，备用。

❷ 锅烧热，加入少许食用油润锅，加入10克奶油，依序放入做法1的材料炒香，盛起。

❸ 将鸡蛋打散，加入其余调料打匀后，放入做法2的所有材料拌匀。

❹ 取平底锅烧热，放入30克奶油，融化后改转小火，倒入做法3的材料铺满锅面，煎4~5分钟至上色，翻面略煎一下，起锅盛盘再撒上香芹末装饰即可。

蛋仔煎

材料
地瓜粉20克，鸡蛋1个，葱花、小白菜叶各适量

调料
盐1/8小匙，海山酱、辣椒酱各1小匙，酱油膏、香油各1/2小匙，水淀粉、食用油各适量

做法

❶ 地瓜粉、葱花、盐拌匀成粉浆；小白菜叶洗净切段沥干水分，备用。

❷ 平底锅加1大匙食用油烧热，倒入粉浆，煎至透明状后翻面，将蛋打散后淋至粉浆上，翻面后铲起，于平底锅放上小白菜叶，将蛋盖上煎至青菜熟透铲起装盘。

❸ 取海山酱、辣椒酱、酱油膏、水一起入锅煮沸，用水淀粉勾薄芡，淋上香油拌匀后，淋至蛋仔煎上即可。

蚵仔煎

📋 **材料**

鸡蛋2个，鲜蚵150克，白菜、葱、香菜各少许

📋 **粉浆**

地瓜粉50克，食用油适量

📋 **调料**

海山酱1大匙，番茄酱3大匙，盐、白胡椒各少许，香油、白糖、味噌各1小匙，水2大匙

📋 **做法**

① 鸡蛋打散，再加入粉浆材料拌匀，备用。

② 将调料依序加入容器中，再使用打蛋器搅拌均匀，备用。

③ 白菜洗净，切小段；葱洗净切成葱花。

④ 热一平底锅，放入食用油、少许粉浆，加入鲜蚵、白菜段和葱花，加入剩余的粉浆，煎至上色呈透明状，放上香菜，淋上番茄酱（分量外），搭配酱汁即可。

虾仁煎

📋 **材料**

鸡蛋2个，草虾仁、淀粉各100克，葱花30克，小白菜50克，水100毫升

📋 **调料**

盐1/4小匙，白胡椒粉1/2小匙，海山酱2大匙，甜辣酱、白糖、水淀粉、香油、食用油各少许

📋 **做法**

① 100毫升水、淀粉、盐、白胡椒粉、葱花拌成粉浆。

② 鸡蛋打匀成蛋液；小白菜洗净，切段。

③ 将海山酱、甜辣酱和白糖煮匀，加入少许水，用水淀粉勾芡，淋入香油为酱汁。

④ 热一锅，放入少许食用油，加入虾仁煎香，倒入粉浆，煎至双面微微焦香，倒入蛋液至微微凝固，续放入小白菜段，盛盘淋上酱汁即可。

厚蛋烧

材料
鸡蛋5个，香菜少许

调料
味醂、酱油各2大匙，食用油少许

做法

❶ 将鸡蛋打散，加入味醂及酱油调成蛋液。

❷ 方型平底锅抹少许食用油烧热，倒入适量蛋液使其均匀，用小火慢煎并戳破气泡，煎至略凝固时，将前端蛋皮往后折三折，推至方锅前缘；锅底再抹食用油，再倒入适量蛋液，并掀起锅边蛋皮，让新加入的蛋汁流入下方布满整个锅底，煎至半熟时，重复上述步骤至蛋液用完煎成厚蛋。

❸ 将厚蛋移至寿司竹帘上，趁热用竹帘将厚蛋塑型，放置冰箱，食用时切小块，以香菜装饰即可。

明太子厚蛋烧

材料
鸡蛋3个，明太子30克，牛奶60毫升，蟹肉条1条，香菜少许

调料
沙拉酱1大匙，盐、白胡椒粉、食用油各少许

做法

❶ 明太子、切段的蟹肉条与沙拉酱拌匀，再慢慢加入牛奶拌匀。

❷ 将鸡蛋打入容器中，加入盐和白胡椒粉混合拌匀，再加入做法1的材料混匀。

❸ 平底锅加少许食用油烧热，倒入适量蛋液，摇动至均匀，将蛋皮对折。

❹ 续倒入适量蛋液，翻起蛋皮让蛋汁布满整个锅面，略为摇动使蛋汁均匀呈半熟状，再重复上述步骤至蛋液用完，煎至定型后，取出切块，以香菜装饰即可。

风味厚蛋烧

材料
鸡蛋5个，香菜少许

调料
味噌2大匙，味醂、米酒、食用油各少许

做法
1. 鸡蛋打散，加入除食用油外的所有调料，调和成蛋液。
2. 煎锅抹上一层食用油加热，倒入适量蛋液使其布满锅底，小火煎至略凝固，将前端蛋皮往后折三折，推至圆锅1/3处；锅底再抹油，再倒入适量蛋液，并掀起锅边蛋皮，让新加入的蛋汁布满整个锅底，煎至半熟时，重复上述步骤，至煎成厚蛋。
3. 将厚蛋盛至寿司竹帘上，趁热将厚蛋烧包卷塑型，冷藏后定型，切块，以香菜装饰即可。

吻仔鱼厚蛋烧

材料
鸡蛋5个，吻仔鱼120克，葱丝少许

调料
味醂、鲣鱼酱油各1大匙，米酒、食用油各少许

做法
1. 鸡蛋打散，加入吻仔鱼和除食用油以外的所有调料拌匀。
2. 煎锅抹上少许食用油烧热，倒入适量蛋液使其布满锅底，小火煎至略凝固，将前端蛋皮往后折三折，推至圆锅1/3处；再抹上少许油，再倒入适量蛋液，并掀起锅边蛋皮，让新加入的蛋汁流入下方布满整个锅底，煎至半熟，重复上述步骤至煎成厚蛋。
3. 将厚蛋盛至寿司竹帘上，利用竹帘将厚蛋烧包卷塑型，放置冰箱冷藏定型，食用前取出分切小块，以葱丝装饰即可。

海鲜厚蛋烧

材料
鸡蛋2个，水淀粉1/2大匙，鲑鱼肉15克，虾仁4只，鱼板4片，鲜香菇2朵，鲜奶、洋葱碎各1大匙，生菜叶适量

调料
盐1/2小匙，鸡精1/4小匙，食用油少许

做法
1. 鲑鱼肉、虾仁、鱼板、鲜香菇洗净切丁，汆烫至熟、捞起沥干，备用。
2. 鸡蛋打散，加入盐、鸡精、水淀粉、鲜奶拌匀，倒入加有少许食用油的平底锅中铺平，接着平均铺放上做法1的材料及洋葱碎，从一头慢慢包卷起，卷成厚蛋状。
3. 以小火慢煎5分钟，至蛋液内部凝固熟透，切段，放在以生菜铺底的盘中即可。

奶酪厚蛋烧

材料
鸡蛋3个，牛奶60毫升，综合奶酪丝40克，奶油适量

调料
盐、白胡椒粉各少许

做法
1. 鸡蛋打散，加牛奶、盐、白胡椒粉拌匀成蛋汁；综合奶酪丝用保鲜膜整成长条状（同厚蛋烧宽度）。
2. 取小方锅以中火加热，用纸巾沾少许融化的奶油均匀涂抹在锅底，倒入适量蛋汁煎至半熟，将综合奶酪丝放入前半段蛋皮中间，将蛋皮对折包住奶酪，并推至前端。
3. 在锅底再抹上少许奶油，翻开前端蛋卷再倒入蛋汁布满锅底，煎至半熟再从前端卷起，重复此做法至蛋汁用完即可。

鳗鱼厚蛋烧

材料

鸡蛋	5个
蒲烧鳗鱼	1条

调料

味醂	1大匙
柴鱼汁	2大匙
盐	1/2小匙
食用油	少许
米酒	1大匙

做法

1. 将鸡蛋打散，加入除食用油以外的所有调料均匀调和成蛋液；蒲烧鳗鱼取与煎锅同宽的段状。

2. 取方形煎锅，先抹上薄薄一层食用油后，再加热。

3. 倒入适量蛋液使其均匀布满锅底，用小火慢煎至略凝固时，在1/3处放入蒲烧鳗鱼，并将前端蛋皮往后折，包入鳗鱼后折三折，推至方锅前缘。

4. 锅底再抹食用油，再倒入适量蛋液，并掀起锅边蛋皮，让新加入的蛋液可流入下方并布满整个锅底，煎至半熟时，再从前缘将蛋皮折起，推向前方锅缘，重复上述步骤直到蛋液用完煎成鳗鱼厚蛋。

5. 将厚蛋盛至寿司竹帘上，趁热利用竹帘将厚蛋烧包卷塑型，放置冰箱，食用前取出分切小块即可。

扬出厚蛋烧

材料
经典厚蛋烧1份，低筋面粉适量

淋酱
柴鱼昆布高汤120毫升，味醂、酱油各20毫升，食用油适量

配食
秋葵1根，白萝卜泥、七味粉各适量

做法
1. 秋葵洗净，放入加了少许盐（分量外）的沸水锅中汆烫至熟，捞出切成星片状，与白萝卜泥、七味粉混合成配食，备用。
2. 将厚蛋烧切成四方块，沾上低筋面粉，放入油温为180℃的油锅中炸至呈金黄色。
3. 取锅，将淋酱的材料加入煮匀，淋在厚蛋烧上，再搭配秋葵、白萝卜泥和七味粉一起食用即可。

经典厚蛋烧

材料
鸡蛋3个，柴鱼昆布高汤60毫升

调料
食用油适量，酱油、味醂各1/3小匙，盐、白胡椒粉各少许

配食
白萝卜泥适量，酱油少许

做法
1. 将鸡蛋打散，加入柴鱼昆布高汤及除食用油以外的调料拌匀，取小方锅以中火加热，锅底抹少许食用油，倒入适量蛋汁煎至半熟，将蛋皮由前向后对折，并推至前端。
2. 在锅底抹上少许食用油，翻开前端蛋卷，再倒入蛋汁布满锅底，煎至半熟从前端对折，重复此做法至蛋汁用完即成。
3. 切块后搭配萝卜泥和酱油食用即可。

煎蛋卷

材料
鸡蛋3个，青豆适量

调料
盐、白胡椒粉、淀粉、食用油各少许

蘸酱
甜鸡酱适量

做法
1. 鸡蛋洗干净，打入容器中，再加入除食用油以外的调料，用打蛋器打匀；青豆焯熟。
2. 炒锅加少许食用油，倒入1/2的蛋液，左右晃动一下，并以中小火煎至蛋液慢慢熟成定型，再将另一半蛋液倒入煎成定型。
3. 煎的过程中，一边将蛋皮慢慢卷起呈长条状，取出切小段状盛盘，再放上青豆，撒上日式香松（材料外）装饰。
4. 可搭配甜鸡酱一起食用。

鲜菇煎蛋卷

材料
鸡蛋4个，鲜菇100克，芹菜末10克，红辣椒末适量

调料
酱油2大匙，盐、陈醋各1大匙，白糖1/2大匙，水4大匙，水淀粉、食用油各少许

做法
1. 鲜菇洗净切丝；鸡蛋打散，加盐拌匀。
2. 锅中加少许食用油，加入鲜菇炒熟取出。
3. 将酱油、陈醋、白糖、水、水淀粉全部倒入做法2的锅中搅拌煮沸，倒出备用。
4. 另取一锅，倒入2大匙食用油烧热，倒入蛋液煎至半熟，将鲜菇放在蛋皮上，卷成蛋卷形状，煎至外表凝固后盛盘，淋上做法3的调料，撒上芹菜末和红辣椒末即可。

沙拉三丝蛋卷

📋 **材料**

鸡蛋2个，鸡胸肉80克，小黄瓜1根，白萝卜50克，香菜少许

🧂 **调料**

盐、水淀粉、食用油各适量，沙拉酱50克

🍳 **做法**

❶ 取锅，倒入适量的水煮沸，放入鸡胸肉以小火煮5分钟，取出剥成细丝状。

❷ 小黄瓜和白萝卜去皮洗净沥干，切丝。

❸ 鸡蛋打入碗中，加入盐及水淀粉拌匀，放入油锅煎成蛋皮备用。

❹ 取蛋皮摊平，依序放入鸡肉丝和小黄瓜丝、白萝卜丝后，将蛋皮卷起，切小段摆盘，最后挤上沙拉酱，放上香菜即可。

奶酪蛋卷

📋 **材料**

鸡蛋3个，牛奶30毫升，奶酪丝20克，培根1片，奶油1大匙，甜豆荚适量

🧂 **调料**

盐、黑胡椒粉各少许，食用油适量

🍳 **做法**

❶ 培根切小片，煎出油脂，盛起备用。

❷ 将鸡蛋打入容器中，加入盐、黑胡椒粉和牛奶混合拌匀。

❸ 取锅烧热，加入1大匙食用油润锅，放入1大匙奶油融化后，倒入蛋液，平均铺上奶酪丝和培根片。

❹ 待蛋液边缘膨起，用筷子搅拌，煎至半熟，移至寿司竹帘上，整成圆筒形，切块，摆上烫熟的甜豆荚装饰即可。

蔬菜蛋卷

材料
鸡蛋4个，豆芽菜15克，青椒、胡萝卜、新鲜黑木耳各10克

调料
盐1小匙，鸡精1/2小匙，黑胡椒粉少许，食用油、番茄酱各适量

做法

❶ 鸡蛋打散成蛋液，加入盐、鸡精、黑胡椒粉拌匀；青椒洗净去籽切丝；胡萝卜洗净去皮切丝；新鲜黑木耳洗净切丝，备用。

❷ 将做法1的所有蔬菜及豆芽菜，放入沸水中烫熟，捞起沥干。

❸ 热锅，倒入适量食用油，倒入蛋液以中小火煎至底部成型，立即放入做法2的蔬菜。

❹ 再将蛋皮卷起，起锅再稍卷扎实，待稍凉切段，搭配番茄酱食用即可。

百花蛋卷

材料
蛋液100克，蛋清1大匙，虾仁300克，海苔1张

调料
盐、白糖、香油各1/2小匙，胡椒粉1/4小匙，淀粉1小匙

做法

❶ 先将虾仁洗净，用干纸巾吸去水分。

❷ 将虾仁以刀背剁成泥。

❸ 将虾泥、蛋清与除食用油外的所有调料混合，甩打搅拌均匀。

❹ 平底锅烧热放入食用油，倒入蛋液煎成蛋皮后摊开，将虾泥平铺蛋皮上，覆盖上海苔再压平，卷成圆筒状。

❺ 放入锅中，以中火蒸5分钟后取出放凉，切成2厘米厚的圆片状即可。

厚蛋烧肉卷

材料
厚蛋烧1份，猪五花肉薄片8片，青辣椒3个，淀粉适量

调料
酱油、味醂各18毫升，米酒15毫升，盐、白胡椒粉各少许，食用油适量

做法
1. 将厚蛋烧切成8片；青辣椒洗净对切去籽，放入油锅中煎至熟软，备用。
2. 将猪五花薄片依序撒上盐、白胡椒粉、淀粉，再包卷做法1的厚蛋烧片；酱油、味醂、米酒混合均匀成酱汁，备用。
3. 将包卷好的厚蛋烧肉片放入油锅中煎至猪肉片熟透上色后，再淋入酱汁煮匀（摇动锅身均匀包裹厚蛋烧肉片）即可盛盘，搭配煎好的青辣椒食用即可。

茶碗蒸蛋

材料
鸡蛋2个，鸡肉50克，虾（去壳）2只，鲜百合20克，白果4颗，水300毫升，秋葵片少许

调料
酱油、味醂各1/3小匙，盐、鸡精各1/4小匙

做法
1. 将鸡蛋打入容器中，加入水及调料拌匀，过筛网备用。
2. 将鸡肉和虾肉加入少许酱油、味醂（分量外）拌匀，放入碗中，加入鲜百合和白果，再倒入蛋液至八成满。
3. 放入冒蒸汽的蒸锅中，盖锅盖并留一小缝隙，以大火蒸3分钟，放上秋葵片转中火蒸10分钟，至蛋液凝固即可。

芙蓉百花芦笋

材料

鸡蛋1个，白芦笋80克，胡萝卜30克，香菇1朵，西蓝花50克

调料

盐少许，水70毫升

做法

① 鸡蛋打散，加入调料打匀，倒入浅盘放入锅中，盖子不盖严，蒸5分钟至熟。

② 芦笋洗净去硬皮，对剖切长条；胡萝卜去皮洗净切长条；香菇洗净刻花；西蓝花洗净，切小朵，分别放入沸水中略汆烫，捞起沥干。

③ 将做法2的所有蔬菜排在蒸蛋上造型即可。

西红柿蒸蛋盅

材料

鸡蛋、西红柿各2个，草虾2只，香芹叶、小豆苗、生菜叶各适量

调料

鸡高汤50毫升，盐、白胡椒粉各少许

做法

① 鸡蛋洗干净，打入容器中，加入所有调料后，用汤匙搅拌均匀，再用筛网过滤。

② 西红柿洗净切去尾端，再将里面的果肉挖出；草虾去沙筋剪须；香芹叶、小豆苗、生菜叶洗净。

③ 将蛋液倒入西红柿盅内，放入草虾、香芹叶、小豆苗。

④ 放入电饭锅中，外锅加入适量水，蒸至开关跳起，放入以生菜叶铺底的盘中即可。

蟹肉蒸蛋

材料
鸡蛋2个，西红柿1个，蟹腿肉80克

调料
盐、白胡椒粉各少许，水50毫升，鸡精1小匙

做法
1. 西红柿洗净，切小丁；蟹腿肉洗净，放入沸水中汆烫一下，捞出沥干水分，备用。
2. 将鸡蛋打散，加入所有调料，用打蛋器搅拌均匀后以筛网过筛，备用。
3. 将蛋液放入蒸碗中，加入做法1的材料，再放入蒸笼中，以大火蒸10分钟，取出撒上葱丝和红辣椒丝（材料外）即可。

虾卵蒸蛋

材料
鸡蛋3个，虾卵2大匙，新鲜香芹碎少许

调料
盐、白胡椒粉各少许，水适量，米酒1小匙

做法
1. 鸡蛋先洗净，打入容器中，加入所有调料后，用打蛋器搅拌均匀，再用滤网过滤。
2. 将蛋液和2/3的虾卵混合后，用打蛋器搅拌均匀，倒入容器至七分满，放入电饭锅中，外锅加入适量水，蒸至开关跳起。
3. 取出后，放上剩余的虾卵和新鲜香芹碎装饰即可。

芦笋厚蛋烧

 材料

鸡蛋	3个
牛奶	60毫升
芦笋	100克
海苔片	1片
培根	30克

调料

鸡精	1/3小匙
盐	少许
白胡椒粉	少许
食用油	少许

做法

❶ 取平底锅，烧热后将培根放入锅中干煎至油渗出，取出切末；将鸡蛋、牛奶、鸡精、盐、白胡椒粉、培根末拌匀成蛋汁；芦笋放入沸水中汆烫至熟，捞出沥干放凉，再用海苔片将所有芦笋绑成一束固定。

❷ 取厚蛋烧小方锅以中火加热，抹少许食用油，倒入适量蛋汁，摇动锅面让蛋汁均匀分布，待蛋汁呈半熟时，将芦笋放入中间1/3的位置，接着将前1/3蛋皮覆盖芦笋，再翻折后1/3蛋皮。

❸ 在空出的锅面上，抹少许食用油，将折好的蛋皮往前推，在空出的锅面抹食用油，倒入适量蛋汁，翻起锅中的蛋皮让蛋汁可布满整个锅面，略摇动锅面让蛋汁均匀，待蛋汁半熟时，再次翻折蛋皮，切块即可。

油条鱼片蒸蛋

材料
鸡蛋3个，油条半根，鲷鱼片100克，水300毫升，葱花少许

调料
盐、白胡椒粉、鸡精、酱油、粗黑胡椒末各少许

做法
1. 油条切1厘米厚片；鸡蛋打入容器中，加入盐、白胡椒粉、鸡精混合拌匀过滤。
2. 鲷鱼片切成生鱼片状，撒上少许盐、白胡椒粉，裹上薄薄的淀粉（材料外），放入沸水中氽烫，捞起备用。
3. 将油条和鱼片放在容器中，倒入蛋液至八分满，放入冒蒸汽的蒸锅中，锅盖留一个缝隙，中火蒸12~15分钟，取出后淋上酱油，撒粗黑胡椒末、葱花即可。

富贵蒸蛋

材料
鸡蛋3个，螃蟹1只，葱花少许

调料
水、盐、白胡椒粉各少许，米酒1大匙

做法
1. 将螃蟹去除鳃和腹部硬壳，洗净后备用。
2. 鸡蛋洗干净，打入容器中，加入所有调料拌匀，再用滤网过滤备用。
3. 取一个大深盘，倒入蛋液，放入处理好的螃蟹，移入电饭锅中，外锅加入适量水，蒸至开关跳起，取出撒入葱花即可。

咖喱豆腐蒸蛋

材料
鸡蛋3个，嫩豆腐1盒，葱丝、红辣椒丝各少许

调料
盐、白胡椒粉各少许，咖喱粉1小匙，水适量

做法
① 鸡蛋洗干净，打入容器中，加入盐和白胡椒粉，用汤匙搅拌均匀，再用筛网过滤。
② 嫩豆腐切成小块状，加入咖喱粉和水煮至上色，捞起沥水备用。
③ 取容器，先放入豆腐丁，再倒入蛋液至八分满，放入电饭锅内，外锅加入适量水，蒸至开关跳起即可取出，放上葱丝和红辣椒丝即可。

蛋中蒸蛋

材料
鸡蛋2个，卤蛋1个，葱1根，火腿2片，虾卵、小豆苗各少许

调料
盐、白胡椒粉、香油各少许，水适量

做法
① 鸡蛋先洗干净，打入容器中，再加入所有调料一起搅拌均匀备用。
② 将葱和火腿都洗净切碎备用。
③ 将蛋液和做法2的材料混合拌匀。
④ 取一容器，先放入切花的卤蛋，再倒入做法3的材料至八分满后，放入电饭锅中，外锅加适量水，蒸至开关跳起，再放上虾卵和小豆苗装饰即可。

蛋肉蒸豆腐

材料
鸡蛋2个，豆腐100克，猪绞肉50克，淀粉、虾米各1小匙，葱花少许

调料
鸡精1/4小匙，白胡椒粉1/8小匙，盐、香油各1/2小匙

做法
❶ 虾米泡水至软、切末，备用。
❷ 猪绞肉加入少许盐（材料外）搅拌至起胶，备用。
❸ 豆腐加入打散的鸡蛋、所有调料、淀粉抓碎拌匀，再加入虾米、猪绞肉拌匀。
❹ 将做法3放入盘内压平，移入蒸锅内蒸8分钟，取出散上葱花即可。

双色蒸蛋

材料
鸡蛋4个，红心火龙果100克，小豆苗1棵

调料
盐、白胡椒粉各少许，水适量

做法
❶ 鸡蛋打入容器中，加入所有调料后，用筛网过筛备用。
❷ 红心火龙果洗净去皮，剁碎成泥，沥掉水分，与一半的蛋液混合拌匀。
❸ 取透明容器，将剩余的蛋液缓缓倒入至五分满，放入电饭锅中，外锅加入适量水，蒸6分钟至定型后取出。
❹ 倒入做法2的材料至七分满后，放回电饭锅中，外锅加入适量水，蒸8分钟，放上红心火龙果肉（分量外）及小豆苗装饰即可。

琼山豆腐

材料
鸡蛋4个（取蛋清），高汤4大匙，干贝1颗，水淀粉、玉米粉各1/2小匙

调料
盐1/4小匙

做法
1. 干贝泡发，放入蒸笼蒸5分钟后，取出剥丝备用（汤汁保留）。
2. 将2大匙高汤、蛋清、盐、玉米粉拌匀，用细滤网过滤后倒入深盘中，盖上可加热保鲜膜，放入蒸笼用小火蒸15分钟后取出。
3. 将干贝丝连汤汁及剩余高汤一起煮沸，再用水淀粉勾芡，淋至蒸好的做法2上即可。

粉红石榴福蛋

材料
鸡蛋3个，淀粉少许，甜菜根1个，韭菜5根，虾仁、猪绞肉各80克，红辣椒碎5克，葱碎、香菇丁、蒜碎各10克

调料
盐、白胡椒粉各少许，酱油、香油、米酒、鸡精各1小匙，水适量

做法
1. 甜菜根洗净，一半打汁，一半切丁。
2. 鸡蛋加入甜菜汁和淀粉搅拌均匀，过筛后倒入平底锅中，煎成蛋皮至两面上色。
3. 将甜菜丁、虾仁、猪绞肉、蒜碎、红辣椒碎、葱碎、香菇丁和盐、白胡椒粉、酱油、香油、米酒搅拌均匀，包入蛋皮中，以韭菜束口，放入碗中，加入水和鸡精，放入蒸笼中，以大火蒸10分钟即可。

蛋皮海鲜盅

材料
鸡蛋3个，韭菜适量，虾仁丁100克，竹笋丁150克，芹菜丁50克，胡萝卜丁30克

调料
盐、白胡椒粉、鸡精、食用油各少许，水适量，鸡高汤400毫升

做法
1. 鸡蛋加入少许盐、白胡椒粉，用汤匙搅拌均匀，再用筛网过滤备用。
2. 取炒锅，抹少许食用油，分3次倒入蛋液，以小火煎至蛋皮双面熟成，即可取出。
3. 将煎好的蛋皮平摊，放入虾仁丁、竹笋丁、芹菜丁、胡萝卜丁，用韭菜绑口，将包好的海鲜盅放入小碗中，加入其余混合拌匀的调料后，放入电饭锅中，外锅加入适量水，蒸至开关跳起即可。

蛋酥卤白菜

材料
鸡蛋2个，大白菜片400克，黑木耳片30克，胡萝卜片20克，蒜末5克，葱段15克，肉丝80克，高汤400毫升

调料
盐、白糖各1/2小匙，鸡精、陈醋、胡椒粉、酱油、食用油各少许

腌料
盐、淀粉、米酒各少许

做法
1. 肉丝加入腌料拌匀并腌5分钟。
2. 将鸡蛋打散，倒入油锅中炸酥后捞出。
3. 将锅洗净，加入2大匙食用油，先将蒜末、葱段爆香，再放入肉丝、大白菜片、黑木耳片、胡萝卜片拌炒，加入高汤煮沸，放入蛋酥和其余调料，搅拌煮至入味即可。

芙蓉鱼片

材料
鸡蛋2个（取蛋清），旗鱼肉150克，姜丝10克，红辣椒丝少许，豌豆苗60克，淀粉4大匙

调料
盐、白胡椒粉、白糖、水、香油各适量，高汤50毫升，水淀粉1小匙

做法
1. 旗鱼肉与少许盐、白胡椒粉、白糖、香油、水放入料理机中打成泥；蛋清打至发泡，加入淀粉拌匀，分次加入鱼肉泥中。
2. 豌豆苗洗净烫熟，捞起盛盘，铺在盘底。
3. 将鱼肉泥用汤匙舀入沸水中以小火煮熟，捞起排入盛装碗豆苗的盘中。
4. 将高汤煮沸，加入其余的盐、白糖和白胡椒粉，用水淀粉勾芡后淋至鱼片上，放上姜丝及红辣椒丝即可。

什锦鹌鹑蛋

材料
熟鹌鹑蛋、葱段、姜片各15克，红辣椒片10克，猪肉片30克，泡发香菇3朵，胡萝卜片20克，甜豆荚50克，上海青4棵

调料
高汤150毫升，酱油2大匙，香油、白糖各1小匙，水淀粉1大匙，食用油少许

做法
1. 熟鹌鹑蛋洗净沥干；泡发香菇切片。
2. 热锅，倒入少许食用油，小火爆香葱段、红辣椒片、姜片，再加入猪肉片、香菇片及胡萝卜片炒匀。
3. 放入鹌鹑蛋及高汤、酱油、白糖煮开，小火煮沸2分钟，放入甜豆荚拌匀后，用水淀粉勾芡，淋上香油装盘，最后将烫熟的上海青围盘边装饰即可。

雪花肉丸子

材料
猪绞肉230克，马蹄肉50克，鸡蛋1个（取蛋清），蒜2瓣，香菜2根，葱丝、红椒丝各少许

调料
盐、白胡椒粉各适量，香油2小匙，淀粉1大匙，水淀粉200毫升（以鸡汤调制）

做法
1. 将马蹄肉、蒜、香菜都分别洗净切碎。
2. 将猪绞肉、做法1的材料和少许盐、白胡椒粉、香油、淀粉一起混合均匀，用手甩打出筋，揉成小肉丸，备用。
3. 将肉丸放入沸水中煮2分钟后捞起。
4. 将蛋清及剩余的盐、白胡椒粉、香油放入锅中打匀，再加入水淀粉勾成薄芡即成蛋清鸡汁芡，将适量刚煮好的芡汁淋在煮好的猪肉丸上，放上葱丝及红椒丝即可。

和风温泉蛋

材料
鸡蛋2个，柴鱼片20克，葱丝10克

调料
和风酱油1大匙，水2大匙，香油、白糖各1小匙，盐、黑胡椒各少许，七味粉适量

做法
1. 取一锅冷水，将鸡蛋放入，再以中火加热，以65℃的温度煮8分钟，再捞起泡冷水备用。
2. 取一容器，放入和风酱油、水、白糖、盐、黑胡椒、香油，搅拌均匀备用。
3. 把煮好的温泉蛋去壳对切，放入一容器中，再将做法2调好的酱汁均匀地淋在温泉蛋上，撒上葱丝、柴鱼片及七味粉即可。

腊味温泉蛋

材料
鸡蛋2个，腊肠35克，小黄瓜15克，西红柿30克

酱汁
水500毫升，白糖100克，酱油100毫升，绍兴酒15毫升

做法
1. 将腊肠蒸过后切丝；小黄瓜、西红柿洗净切丁；酱汁中的所有材料混合均匀备用。
2. 取一锅，加水煮沸后，加入少许盐（材料外），将鸡蛋放入锅中，煮6分钟后取出，放入冷水中冷却后剥壳。
3. 将蛋泡入酱汁中腌10分钟，取出对切，放上腊肠丝、小黄瓜丁和西红柿丁即可。

虾卵沙拉蛋

材料
鸡蛋3个，腌制虾卵1大匙，黄瓜片少许

调料
沙拉酱1大匙

做法
1. 鸡蛋放入锅中，加入800毫升冷水，冷水需淹过鸡蛋2厘米，再加入2大匙盐（材料外），转至中火将冷水加热至沸后，再转至小火煮10分钟，捞出鸡蛋冲冷水至鸡蛋冷却，备用。
2. 剥除鸡蛋壳，将每个鸡蛋对切，取出蛋黄用汤匙压碎，将蛋黄碎、虾卵以及沙拉酱拌匀即为蛋黄酱，回填入挖出蛋黄的蛋白中，摆上黄瓜片装饰即可。

炸蛋

材料
鸡蛋2个，生菜叶少许，圣女果1个

调料
沙拉酱1大匙，酱油膏少许，辣油1小匙，食用油适量

腌料
酱油、白胡椒粉各少许

做法
1. 鸡蛋洗干净，放入冷水中煮沸后，改转小火煮6分钟，取出去壳，放入混合拌匀的腌料中备用。
2. 取锅烧热至油温为190℃，将鸡蛋直接放入炸至外观呈金黄色泽，捞起沥油，将鸡蛋尖端斜切下一点，盛盘备用。
3. 将沙拉酱、酱油膏、辣油拌匀后，淋至炸蛋上，摆上生菜叶及对切的圣女果即可。

奶酪炸蛋

材料
鸡蛋2个，奶酪丝1大匙，海苔4片

调料
七味粉少许，食用油适量

做法
1. 鸡蛋洗干净，放入冷水中煮沸后，改转小火煮6分钟，取出去壳。
2. 将鸡蛋对切开，将蛋黄取出后，改填入奶酪丝，再将鸡蛋合起来，并用海苔裹在蛋外呈十字状固定切口。
3. 油锅烧热至油温为190℃，将鸡蛋直接放入炸至外观呈金黄色泽后，捞起沥油，以斜切的方式将蛋剖开，放入盘中，撒上七味粉装饰即可。

鸡窝蛋

材料
鸡蛋2个，猪绞肉100克，烫熟细面50克，生菜叶适量

调料
米酒、淀粉、盐、白胡椒粉、酱油各少许，香油1小匙，食用油适量

蘸酱
甜鸡酱1大匙

做法
1. 鸡蛋放入沸水中煮熟，取出去壳，拍上少许淀粉；猪绞肉加入除食用油以外的所有调料，搅拌均匀后，甩打至出筋备用。
2. 鸡蛋先包覆上一层猪绞肉，接着再裹上一层细面，放入油温为180℃的油锅中，炸至外观上色即可捞起沥油，对切后放入以生菜铺底的盘中，再淋上甜鸡酱搭配即可。

炸蛋沙拉

材料
鸡蛋2个，苜蓿芽50克，香芹碎适量

调料
盐、黑胡椒粉、七味辣椒粉、沙拉酱、食用油各少许

做法
1. 将鸡蛋放入水中煮熟成水煮蛋，去壳；除食用油以外的所有调料调匀，备用。
2. 热一油锅至油温为170℃，放入水煮蛋炸成金黄色，捞起沥干油，分别切成4等份。
3. 将苜蓿芽洗净沥干，铺入盘底，放上炸蛋，再淋入做法1的调料，最后撒上香芹碎即可。

炸蛋开花

材料

水煮蛋5个（去壳），胡萝卜1/4根，青椒1/2
个，洋葱末10克

调料

辣椒酱、水淀粉、酱油各1大匙，盐少许，白糖1
小匙，食用油适量

做法

❶ 将水煮蛋泡入酱油中上色；胡萝卜洗净去
皮切花片；青椒洗净切薄片，一起烫熟。

❷ 将鸡蛋放入油温为170℃的油锅中，炸成金
黄色后捞出。

❸ 热一锅，放入1小匙食用油，将洋葱末炒至
呈透明，加入其余调料，调成浓稠状，续
加入鸡蛋与胡萝卜片、青椒片拌炒均匀，
让鸡蛋表面完全沾裹酱汁即可。

糖醋蛋酥

材料

鸡蛋3个，青椒丝50克，洋葱丝30克，胡萝卜丝
25克

调料

白醋、番茄酱各2大匙，香油、水各1大匙，白糖
2大匙，水淀粉1小匙，食用油适量

做法

❶ 鸡蛋打散成蛋液备用。

❷ 热一油锅，将蛋液用漏勺漏入油锅中炸成
蛋酥，捞出沥油盛盘备用。

❸ 热锅，加入少许食用油烧热，转至大火略
炒香洋葱丝、青椒丝以及胡萝卜丝，再加
入白醋、番茄酱、水及白糖拌匀，煮沸后
用水淀粉勾薄芡，淋上香油拌匀，再淋至
蛋酥上即可。

蜂巢樱花虾

材料
鸡蛋3个，樱花虾80克，葱花15克，红辣椒丝、罗勒各少许

调料
酱油1小匙，白胡椒粉少许，食用油适量

做法
1. 鸡蛋打匀，加入樱花虾拌匀，再加入少许葱花、酱油、白胡椒粉拌匀。
2. 热一油锅至油温为200℃，放入做法1的材料，至凝固定型成片状后，再轻轻转动。
3. 翻面略炸，捞起沥干油，盛盘，最后撒上少许葱花、红辣椒丝和罗勒即可。

海胆雪白蛋

材料
溏心蛋3个，海胆、生菜各2片，红辣椒丝少许

做法
1. 取1个溏心蛋分切成2等份备用。
2. 取2个容器，先分别放入1/2的溏心蛋和生菜叶备用。
3. 将2个完整的溏心蛋尖端切出一个开口，再放上海胆和红辣椒丝装饰即可。

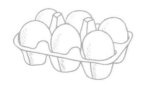

咸蛋虾松

材料
咸蛋1个，虾仁100克，黑木耳1朵，生菜2片，青豆20克

调料
胡椒盐1小匙，食用油适量

做法
❶ 虾仁用盐与少许料酒（材料外）抓拌，再冲水洗净，用纸巾擦干，切成粒状备用；咸蛋去壳，与黑木耳一起切成小丁状。
❷ 锅中倒1大匙食用油，稍微烧热就放入虾仁粒炒散至变色，盛出备用。
❸ 锅中留余油，转小火，放入咸蛋丁炒至冒泡，加少许水后，续放入黑木耳丁及青豆炒匀，放入虾仁粒和胡椒盐拌炒。
❹ 将生菜洗净擦干，放入炒好的虾松即可。

明月芋丸

材料
咸蛋黄10个，芋头300克，淀粉100克，水少许

调料
白糖50克，食用油适量

做法
❶ 芋头洗净去皮切片，放入电饭锅蒸熟，趁热压成泥备用。
❷ 将白糖加入芋泥中搅拌均匀，再拌入淀粉揉匀，并酌量加水，拌到芋泥呈柔软有韧性且不易散开状。
❸ 将揉好的芋泥平均分切成适当大小，搓圆后拍扁，包入咸蛋黄，用手沾少许水捏紧、搓圆，再沾裹淀粉。
❹ 锅中放入食用油烧热至油温为150℃，逐一放入芋丸，炸至酥脆后捞起沥干即可。

辣香炸蛋

材料
鸡蛋6个，西红柿1个，葱花少许，猪肉末、蒜末、姜末、红辣椒圈各5克，虾米末10克

调料
番茄酱2大匙，米酒1大匙，白糖1/2小匙，白醋、辣豆瓣酱、味醂各1小匙，食用油适量

做法
1. 将鸡蛋打入容器中，倒入油温为170℃的油锅中油炸，整型成荷包状，捞起沥油。
2. 将其余调料混合拌匀；西红柿洗净氽烫后过冷水，去皮切碎备用。
3. 取锅烧热，加入适量食用油，放入猪肉末、蒜末、姜末、虾米末、红辣椒圈炒香，接着加入做法2的所有材料炒至呈稠状，再加入葱花略拌炒一下盛起，淋至蛋上即可。

蛋香锅巴

材料
鸡蛋2个，米饭400克，干吻仔鱼20克，干樱花虾10克，黑白芝麻少许

调料
酱油、味醂、奶油各1小匙，盐、食用油各少许

做法
1. 将鸡蛋打入容器中，加入酱油、味醂、盐混合均匀。
2. 再将其余材料放入做法1的容器中混匀。
3. 平底锅烧热，加入少许食用油润锅，加入1小匙奶油，融化后倒入适量做法2的材料摊平呈薄片状，以小火煎至两面脆酥即可。

第四章

咸蛋、皮蛋类美食

　　咸蛋和皮蛋是中餐特有的食材，口味十分独特、美味，可以直接食用，作为便当、凉拌菜等都十分方便。此外，咸蛋和皮蛋还可以做出很多的变化，例如黄金豆腐、麻辣皮蛋等。一起来试试吧！

咸蛋蒸肉饼

材料
生咸蛋2个，猪绞肉300克，姜末、葱白末各1/4小匙，淀粉1小匙

调料
白糖、白胡椒粉、盐各1/4小匙，香油、白酒各1/2小匙

做法
1 生咸蛋分别取出蛋清及蛋黄，蛋清保留1大匙，蛋黄以刀面压碎，备用。
2 猪绞肉加入盐搅拌至起胶，再加入姜末、葱白末、1大匙咸蛋清、其余调料拌匀，最后加入淀粉拌匀。
3 将做法2放入盘中压扁，表面铺上咸蛋黄碎，放入锅中蒸8分钟至熟即可。

拌皮蛋白菜梗

材料
皮蛋2个，大白菜1/4棵，香菜2根，鸡胸肉1片，红辣椒1个，蒜2瓣

调料
辣油、香油各1小匙，白醋1大匙，盐、白胡椒粉各少许

做法
1 大白菜切粗梗，加入1大匙盐（分量外）稍微抓出水后洗净，拧干水分，备用。
2 鸡胸肉洗净，放入沸水中煮熟，再撕成丝，备用。
3 皮蛋去壳洗净，切小丁；红辣椒、蒜、香菜洗净切碎，备用。
4 取一容器，加入白菜梗、鸡肉丝及做法3的材料和所有调料，搅拌均匀即可。

百花豆腐肉

材料

熟咸蛋黄2个，板豆腐250克，猪绞肉100克，蛋清2大匙，姜末、葱花各20克，西蓝花3朵

调料

盐1/2小匙，酱油、淀粉各2大匙，白糖2小匙，食用油少许

做法

1. 板豆腐氽烫，沥干压成泥；熟咸蛋黄切粒。
2. 猪绞肉加盐搅拌至有黏性，加入酱油、白糖及蛋清拌匀，再加入姜末、部分葱花、淀粉、豆腐泥及咸蛋黄混合拌匀。
3. 取一碗，碗内抹少许食用油，将做法2的食材放入碗中抹平，再放入电饭锅，外锅加适量水（材料外），盖上锅盖，按下开关，蒸至开关跳起，取出后倒扣至盘中，撒上葱花并以氽烫后的西蓝花装饰即可。

咸蛋炒鸡粒

材料

熟咸蛋2个，鸡胸肉1片，蒜3瓣，葱1根，红辣椒1个

调料

白胡椒粉、香油、白糖各少许，辣豆瓣1小匙，食用油适量

腌料

淀粉1大匙，香油1小匙

做法

1. 鸡胸肉去皮洗净，切小丁，加腌料稍腌。
2. 咸蛋去壳洗净，切小丁；葱洗净切葱花；蒜和红辣椒洗净切片，备用。
3. 取一炒锅，加入1大匙食用油，再加入鸡胸肉，以中火爆香。
4. 续加入做法2的材料爆香，再加入其余调料，翻炒均匀至入味即可。

金沙鱼条

材料
熟咸蛋黄泥100克，去骨鱼柳条300克，葱花1小匙，蒜末1/2小匙，淀粉适量

调料
盐、白糖各1/4小匙，食用油适量

腌料
盐、胡椒粉各1/4小匙，香油、米酒各1小匙

做法
❶ 全部腌料混合拌匀，放入鱼柳条稍微腌制，均匀沾裹上淀粉，再放入油锅炸至外观金黄，捞起沥油备用。

❷ 另取锅，加入1大匙食用油，放入咸蛋黄泥以小火炒至起泡，加入葱花、蒜末和炸好的鱼柳条略炒，加入其余调料拌匀即可。

金沙虾球

材料
熟咸蛋黄2个，虾仁8只，葱花1小匙，蒜末1/2小匙，淀粉、生菜叶各适量

调料
盐、白糖各1/8小匙，食用油适量

做法
❶ 虾仁剖开背部、去肠泥洗净，加入1小匙盐（分量外）抓揉数下，再冲水10分钟后，吸干水分。

❷ 虾球均匀沾裹上薄薄一层淀粉，放入油锅内炸2分钟，捞出沥油。

❸ 咸蛋黄以汤匙压成泥，备用。

❹ 热锅，加入1大匙食用油，放入咸蛋黄泥以小火炒至膨胀，加入蒜末、炸虾球、其余调料拌匀，最后加入葱花略炒匀，盛入以生菜铺底的盘中即可。

金沙软壳蟹

材料
熟咸蛋黄泥80克，软壳蟹3只，葱花适量，生菜叶1片

调料
淀粉1大匙，盐1/8小匙，鸡精1/4小匙，食用油适量

做法

❶ 起一油锅，烧热至油温为180℃，将软壳蟹裹上干淀粉下锅（无须退冰及做任何处理），以大火慢炸2分钟至略呈金黄色时，即可捞起沥干油。

❷ 另起一炒锅，热锅后加入3大匙食用油，转小火，将咸蛋黄泥入锅，再加入盐及鸡精，用锅铲不停搅拌至蛋黄起泡且有香味后，加入软壳蟹、葱花翻炒均匀，盛出放上生菜叶装饰即可。

肉末皮蛋

材料
皮蛋2个，猪绞肉（细）50克，水3大匙，生菜叶1片

调料
白糖、白胡椒粉各1/4小匙，低筋面粉2小匙，盐、淀粉各1/2小匙，食用油适量

腌料
淀粉1大匙，香油1小匙

做法

❶ 皮蛋放入沸水中煮5分钟，待凉后去壳，每个分切成8等份的小块状，备用。

❷ 猪绞肉加入盐甩打至起胶，再依序加入除食用油以外的其余调料、水拌成糊状。

❸ 将皮蛋与猪绞肉拌匀，放入油温为160℃的油锅内，以小火炸3分钟至金黄后捞出，以生菜叶装饰即可。

金沙豆腐

材料

熟咸蛋黄2个，嫩豆腐500克，面粉少许，葱、香菜各1根，水淀粉适量

调料

白胡椒粉少许，香油1大匙，开水200毫升，盐、食用油各适量

做法

① 嫩豆腐切成大正方块，表面再裹上面粉，放入油温为200℃的油锅中炸成金黄色定型，取出沥油后盛盘备用。

② 熟咸蛋黄切成碎状；葱与香菜洗净切碎。

③ 热锅，加入1大匙食用油，加入咸蛋黄碎，炒至起泡，加1大匙水续炒至汤汁浓稠。

④ 再加入葱碎、香菜碎及其余调料，以中火翻炒均匀，以水淀粉勾薄芡后，淋在炸豆腐上即可。

黄金豆腐

材料

嫩豆腐300克，胡萝卜泥30克，熟咸蛋黄2个，葱1根，姜、秋葵各20克

调料

盐1小匙，白糖、胡椒粉各1/2小匙，水300毫升，米酒、水淀粉、香油各1大匙，食用油适量

做法

① 熟咸蛋黄切碎备用。

② 豆腐切成小丁状；葱、姜洗净切成末状。

③ 热锅加少许食用油，放入部分葱末、姜末、咸蛋黄、胡萝卜泥一起炒香，再加入豆腐丁和其余调料（水淀粉和香油除外），略拌煮匀。

④ 最后以水淀粉勾芡，淋上香油，撒上烫熟的秋葵片和葱花即可。

咸蛋蒸豆腐

材料
咸蛋、鸡蛋各2个，咸蛋黄1/2个，嫩豆腐300克，葱花、香菜各少许

调料
盐、白胡椒粉、香油各少许

做法
① 咸蛋洗干净去壳，切成碎末状；鸡蛋洗干净打成蛋液；嫩豆腐洗净切碎。
② 取容器，放入嫩豆腐碎，淋入蛋液和所有调料，最后加入咸蛋碎和1/2个咸蛋黄，放入电饭锅中，外锅加入适量水，蒸至开关跳起，撒上葱花和香菜即可。

咸蛋烩豆腐

材料
咸蛋丁100克，板豆腐400克，玉米笋60克，豌豆荚50克，蟹味菇40克，蒜末、葱段各10克，高汤150毫升

调料
酱油1/3大匙，白糖、香油各少许，米酒1小匙，水淀粉、食用油各适量

做法
① 板豆腐洗净切块；玉米笋洗净切段；豌豆荚去头尾洗净切片；蟹味菇洗净去蒂头。
② 热锅倒入2大匙食用油，放入蒜末爆香，加入咸蛋丁炒香后取出。
③ 锅中留余油，加入葱段和玉米笋、豌豆荚、蟹味菇翻炒均匀，加入板豆腐块和高汤煮沸，再加入除水淀粉外的其余调料和咸蛋丁拌匀，以少许水淀粉勾芡即可。

鸡蛋沙拉酱

材料
水煮蛋2个，西蓝花30克

调料
酸奶2大匙，沙拉酱1大匙，黄芥末酱1小匙，盐、白胡椒粉各少许

做法
① 将水煮蛋的蛋黄压碎，再将蛋白切丁。
② 西蓝花汆烫至熟，切成细末。
③ 蛋黄碎加入酸奶、沙拉酱、黄芥末酱拌至滑顺，再加入盐、白胡椒粉、西蓝花、蛋白丁拌匀即可。

卡士达蛋黄酱

材料
蛋黄2个，牛奶350毫升，低筋面粉25克，玉米粉15克

调料
奶油20克，白糖50克

做法
① 将50毫升牛奶与白糖、蛋黄先拌匀，再加入低筋面粉、玉米粉拌匀。
② 将其余300毫升牛奶与奶油混合煮开后，慢慢加入做法1中，加热至黏稠，放凉后入冰箱冷藏即可。

紫菜蛋花汤

材料
鸡蛋2个，紫菜1片，葱半根，高汤500毫升

调料
盐1/4小匙，鸡精1小匙，白胡椒粉、香油各少许

做法
1. 将鸡蛋打散；葱洗净切成葱花，备用。
2. 将500毫升高汤烧开，加入盐调味后关小火，持续呈小沸的状态。
3. 将蛋液由高往下慢慢地倒入汤中，用锅铲推散成蛋花状。
4. 最后将紫菜及葱花放入汤中，撒上白胡椒粉、鸡精，滴入少许香油即可。

翡翠皮蛋羹

材料
皮蛋1个，水适量，绿海菜少许，吻仔鱼、枸杞子、水淀粉各1大匙

调料
胡椒盐1小匙，香油少许

做法
1. 皮蛋去壳洗净切丁；绿海菜洗净沥干。
2. 汤锅中加水煮沸，放入吻仔鱼及绿海菜煮5分钟，调入水淀粉勾芡。
3. 加入皮蛋丁、枸杞子混匀，再加入胡椒盐及少许香油调味即可。

咸蛋炒南瓜

材料
熟咸蛋2个，南瓜300克，蒜末1/2小匙，葱花1小匙，水适量

调料
食用油适量

做法
1. 南瓜去皮洗净切块，略氽烫过冷水。
2. 熟咸蛋分别取出蛋白及蛋黄，蛋白切丁、蛋黄以汤匙压成泥，备用。
3. 热锅，加入1大匙食用油，放入蒜末、咸蛋白丁、南瓜块、水，以小火煮至收干汤汁后盛盘。
4. 重新热锅，加入1大匙食用油，放入咸蛋黄泥以小火炒至膨胀反沙，再加入葱花拌匀，淋入做法3的盘中即可。

苋菜炒金银蛋

材料
鸡蛋2个，熟咸蛋1个，苋菜150克，水淀粉少许

调料
盐、白胡椒粉各少许，水、食用油各适量

做法
1. 鸡蛋先洗净，打入容器中，用汤匙搅拌均匀，备用。
2. 熟咸蛋去壳，洗净切成小丁；苋菜洗净后分切小段备用。
3. 取炒锅，加入1大匙食用油，放入咸蛋小火爆香，接着加入蛋液一起拌炒后，再放入苋菜翻炒至软。
4. 最后加入其余调料调味拌匀，并以水淀粉勾薄芡即可。

金沙杏鲍菇

材料
杏鲍菇350克，咸蛋黄3个，蒜末10克，蒜苗圈15克

调料
盐、香菇粉各1/4小匙，黑胡椒粉、米酒、吉士粉各少许，食用油适量

做法

① 先将杏鲍菇洗净切块后，加入盐、香菇粉、黑胡椒粉、米酒拌匀，再放入吉士粉拌匀后炸1分钟，捞起沥油备用。

② 热锅后先加入1大匙食用油，再加入蒜末爆香，加入咸蛋黄压碎炒香至出泡。

③ 最后放入杏鲍菇块炒匀且炒至熟透，再放入蒜苗圈拌炒均匀即可。

咸蛋冬瓜封

材料
熟咸蛋1个，冬瓜500克，猪绞肉150克，姜1小段，蒜2瓣，红辣椒1个，香菜2根，小豆苗少许

调料
酱油1大匙，白糖1小匙，白胡椒粉少许，水适量

做法

① 冬瓜去皮，去除中间的瓤肉，再洗净擦干水分；姜洗净切片，备用。

② 熟咸蛋去壳，蛋白切碎，蛋黄备用；蒜、红辣椒和香菜洗净切碎，备用。

③ 将猪绞肉、做法2的材料和所有调料一起搅拌均匀，再将搅拌好的材料填入冬瓜中间，并放上咸蛋黄。

④ 取一汤锅，放入冬瓜，加水至和冬瓜一样的高度，再放入姜片，盖上锅盖，以中小火炖煮20分钟，放上小豆苗装饰即可。

黄金蛋炒笋片

材料
熟咸蛋、鸡蛋各1个，冬笋400克，葱花1小匙，红辣椒末1/2小匙

调料
白糖1/2小匙，鸡精、胡椒粉各1/4小匙，食用油适量

做法
1. 取锅放入冬笋，加入可盖过冬笋的水量，煮30分钟后捞起冲水至凉，再剥去老皮、切片，备用。
2. 熟咸蛋去壳切丁；鸡蛋只取蛋黄，打散成蛋黄液，备用。
3. 热锅，加入2大匙食用油，放入笋片、咸蛋丁，以小火炒3分钟。
4. 接着加入其余调料拌炒均匀，再淋入蛋黄液，放入葱花、红辣椒末翻炒均匀即可。

皮蛋拌豆腐

材料
皮蛋2个，嫩豆腐300克，牛角椒1个

调料
酱油、凉开水各1大匙，香油、白糖各1/2小匙，鸡精1/8小匙

做法
1. 皮蛋放入沸水中煮5分钟，待凉后去壳，每个分切成6等份的片状（留半个不切，置盘中），备用。
2. 所有调料拌匀为酱汁，备用。
3. 牛角椒洗净去籽切小丁，放入加了1小匙食用油（材料外）的锅中略炒至香。
4. 嫩豆腐切成长条块，与皮蛋块以交错方式排盘，再撒上牛角椒丁，淋上酱汁即可。

双椒炒皮蛋

材料
皮蛋2个，青椒100克，红辣椒、蒜各20克

调料
酱油1大匙，白糖1/4小匙，香油1小匙，食用油少许

做法

1 煮一锅沸水，放入皮蛋煮5分钟后捞出，用冷水浸泡至凉，取出剥壳切丁。

2 将青椒去籽洗净切小丁；红辣椒和蒜洗净切碎，备用。

3 热锅，下少许食用油烧热，以小火爆香青椒丁、蒜碎、红辣椒碎，加入皮蛋丁翻炒均匀，再加入酱油及白糖以中火翻炒至酱油收干，淋上香油即可。

塔香皮蛋

材料
皮蛋3个，猪绞肉50克，西红柿1个，洋葱1/2个，罗勒叶30克，淀粉少许

调料
鱼露2大匙，白糖1/2大匙，柠檬汁10毫升，食用油适量

做法

1 皮蛋去壳，切成6瓣，沾上薄薄的淀粉，入油锅煎至上色后盛起备用。

2 西红柿洗净，底部划十字，氽烫后过冷水去皮，切成6瓣；洋葱洗净切块备用。

3 锅烧热，倒入适量食用油，依序放入猪绞肉、做法2的材料、皮蛋片和其余调料拌炒，起锅前加入罗勒叶拌匀即可。

金沙香菇

材料
熟咸蛋黄泥100克，鲜香菇块150克，红辣椒末10克，葱花20克，西红柿片、芹菜叶各少许

粉浆
面粉、玉米粉各50克，吉士粉1大匙，泡打粉1/4小匙，水140毫升，盐1/8小匙，食用油适量

做法
① 油锅烧热至油温为180℃，将鲜香菇块沾上调好的粉浆，放入油锅内炸至表皮金黄酥脆，捞起后沥油备用。

② 另取锅烧热，放入2大匙食用油，开小火，放入咸蛋黄泥，加入盐，用锅铲不停搅拌蛋黄至起泡有香味。

③ 再加入炸香菇块，撒入红辣椒末和葱花翻炒均匀，摆上芹菜叶及西红柿片即可。

咸蛋炒雪菜

材料
熟咸蛋1个，雪菜200克，猪绞肉50克，蒜2瓣，红辣椒1个，姜1小段

调料
盐、白胡椒粉、水淀粉、香油、辣豆瓣各少许，白糖1小匙，食用油适量

做法
① 雪菜洗净去除咸味，切碎，拧干水分。

② 熟咸蛋去壳，切碎；蒜、红辣椒和姜洗净切碎，备用。

③ 取一炒锅，加入1大匙食用油，再加入猪绞肉和雪菜碎，以中火爆香，续加入做法2的材料翻炒，最后加入其余调料炒至均匀入味即可。

苦瓜肉片皮蛋

材料
皮蛋2个，猪后腿肉120克，苦瓜1/2根，蒜3瓣，红辣椒1个，葱1根

调料
白糖、酱油膏、香油各1小匙，食用油适量

腌料
盐、白胡椒粉各少许，米酒1/2小匙，香油、淀粉各1小匙

做法
1. 皮蛋去壳，洗净切丁；蒜、红辣椒和葱洗净切片；猪后腿肉洗净切片，加入混合均匀的腌料中腌制片刻。
2. 苦瓜去瓤洗净，切片后入沸水汆烫。
3. 取炒锅，加入1大匙食用油，加入肉片以中火爆香，加入做法1剩余的材料和苦瓜片爆香，加入其余调料翻炒均匀至入味即可。

素炒蟹膏

材料
鸡蛋3个，胡萝卜300克，杏鲍菇50克，姜末、葱花各10克

调料
盐、白胡椒粉各少许，味酥1/2大匙，米酒、陈醋、酱油各1大匙，食用油适量

做法
1. 胡萝卜去皮洗净切块，放入电饭锅中蒸熟后，取出放入果汁机中打成泥状，取出。
2. 杏鲍菇洗净切粗末；将酱油、味酥、米酒、陈醋调匀，备用。
3. 将鸡蛋加入盐、白胡椒粉混合拌匀。
4. 取锅烧热，加入4大匙食用油，炒香杏鲍菇末，放入胡萝卜泥，炒至略收汁，加入姜末，再倒入蛋液拌炒至膏状，加入做法2的调料和葱花拌炒，再加点盐调味即可。

咸蛋炒海龙

材料
熟咸蛋1个，海龙120克，罗勒3根，姜丝10克，红辣椒1个，葱1根，蒜2瓣

调料
盐、白胡椒各少许，酱油、香油各1小匙，食用油适量

做法
1. 咸蛋去壳，切碎；海龙和罗勒洗净；蒜、红辣椒和葱洗净切片，备用。
2. 取一炒锅，加入1大匙食用油，再加入咸蛋碎爆香，续加入海龙、蒜片、红辣椒片和姜丝爆香。
3. 再加入其余调料和葱片，炒至入味即可。

咸蛋金黄土豆

材料
熟咸蛋、土豆各1个，芹菜2根，胡萝卜50克，红辣椒1个

调料
黄豆酱、香油各1小匙，盐、黑胡椒各少许，食用油适量

做法
1. 土豆去皮洗净，切粗条，放入油温为190℃的油锅中炸成金黄色；咸蛋去壳，切碎，备用。
2. 胡萝卜去皮洗净，切小丁；芹菜和红辣椒洗净切小段，备用。
3. 取一炒锅，加入1大匙食用油，再加入做法2的材料，先以中火爆香，续加入做法1的材料翻炒，加入其余调料炒入味即可。

咸蛋卤丝瓜

材料
熟咸蛋2个，丝瓜1/2根，蛤蜊150克，姜10克，红辣椒1个

调料
盐、白胡椒粉、鸡精各少许，香油、水、食用油各适量

做法

1. 咸蛋去壳，切小丁；姜和红辣椒洗净切片；丝瓜去皮去瓤，洗净切片，备用。
2. 蛤蜊泡盐水吐沙洗净，备用。
3. 取一炒锅，加入1小匙食用油，再加入做法1的材料以中火爆香。
4. 续于锅中加入蛤蜊和其余调料，以中火翻炒均匀调味即可。

黄沙炒莲子

材料
生咸蛋黄3个，莲子80克，猪绞肉70克，葱花20克，蒜末10克

调料
鸡精1/2小匙，盐、白糖各1/4小匙，水50毫升，食用油适量

做法

1. 将莲子放入蒸笼蒸40分钟至莲子变软，取出放凉备用；生咸蛋黄蒸4分钟至熟，取出辗成泥状备用。
2. 热锅，加入1大匙食用油烧热，以小火爆香蒜末，加入猪绞肉炒至猪绞肉散开表面变白，再加入莲子、咸蛋黄泥、葱花以及其余调料，以小火翻炒至汤汁收干即可。

皮蛋肉丸子

材料
皮蛋1个，猪绞肉150克，蒜2瓣，红辣椒1个，柴鱼片2大匙，小豆苗少许

调料
盐、白胡椒粉各少许，香油、淀粉各1小匙，蛋白1个，食用油适量

做法

❶ 皮蛋蒸熟，去壳后切碎；蒜和红辣椒洗净切碎，备用。

❷ 将猪绞肉、皮蛋碎、蒜碎、部分红椒碎和除食用油以外的调料一起搅拌均匀，再甩打出筋，整成数个圆形肉丸。

❸ 热一油锅至油温为180℃，放入肉丸炸熟，捞起沥干油，迅速将肉丸沾裹柴鱼片，放上剩余的红椒碎及小豆苗装饰即可。

黄金炸金条

材料
鸡蛋2个，咸蛋1个，冬粉30克，葱末、红辣椒末各10克，淀粉1小匙，水、面粉各适量

调料
盐、白胡椒粉各少许，香油、辣豆瓣各1小匙，食用油适量

做法

❶ 将鸡蛋、淀粉和水搅拌均匀，放入平底锅煎成蛋皮至双面上色，盛盘备用；冬粉泡水至软；咸蛋切碎，备用。

❷ 起一炒锅，加入1大匙食用油，再加入冬粉、咸蛋、葱末、红辣椒末炒匀，续加入其余调料拌炒均匀，盛盘放凉，备用。

❸ 蛋皮铺平，加入做法2的材料，包成金条状，裹上一层面粉，放入油温为190℃的油锅中炸成金黄色，捞出沥干油，盛盘即可。

豆酥皮蛋

材料
皮蛋5个，葱花10克，韭黄段100克，红辣椒碎20克，蒜碎10克，豆酥120克，面粉3大匙

调料
白糖1小匙，香油2大匙，盐、白胡椒粉各少许，水、食用油各适量

做法
1. 皮蛋放入电饭锅中，加少许水蒸8分钟，取出去壳切块，放凉后裹上一层面粉。
2. 热一油锅至油温120℃，放入皮蛋块以中火炸至形状固定，捞出沥干油。
3. 锅中加入香油，放入豆酥以小火慢慢煸香至深色，再加入少许香油，放入蒜碎和红辣椒碎爆香，加入皮蛋块、韭黄段略炒，加入水，炒至均匀，放入白糖、盐、白胡椒粉炒入味，加入葱花快炒一下即可。

三杯炒皮蛋

材料
皮蛋5个，姜15克，蒜3瓣，红辣椒1/2个，罗勒2根，面粉少许

调料
酱油膏、米酒各1大匙，水、食用油各适量

做法
1. 皮蛋洗净去壳，分切成大块，先拍上少许面粉。
2. 将皮蛋放入油温190℃的油锅中炸至定型，且外观上色，即可捞起沥油备用。
3. 姜、蒜和红辣椒洗净，切成片；罗勒洗净备用。
4. 取炒锅，加入1大匙食用油，放入姜片、蒜片和红辣椒片，以中小火爆香。
5. 放入炸好的皮蛋和其余调料，并以中火翻炒均匀，最后加入新鲜的罗勒叶即可。

宫保皮蛋

材料
皮蛋5个，干辣椒5克，葱段15克，姜丝10克，蒜香花生仁40克

调料
白醋、番茄酱、白糖、米酒各1小匙，水、酱油各1大匙，淀粉、香油、食用油各适量

做法
① 皮蛋用水煮5分钟，捞出剥壳切成块。
② 将白醋、酱油、番茄酱、白糖、米酒、水、淀粉调匀成兑汁备用。
③ 热锅，加入适量食用油烧至油温150℃，将皮蛋块撒上一层薄淀粉后，入锅大火炸至表面微酥，捞起沥干油。
④ 锅底留油，爆香葱段、姜丝及干辣椒，加入皮蛋块和兑汁炒匀，加入香油及蒜香花生仁即可。

红烧皮蛋

材料
皮蛋2个，猪肉片、玉米笋各20克，荷兰豆15克，胡萝卜片10克，蒜末1/2小匙，水、淀粉各适量，水淀粉1小匙

调料
蚝油2小匙，白糖1/4小匙，食用油适量

做法
① 皮蛋用水煮5分钟，待凉去壳，每个分切成4份，撒适量淀粉拌匀，放入油锅内以中火油炸至表面干脆，捞出沥油；玉米笋洗净切块；荷兰豆洗净摘蒂；肉片洗净烫熟。
② 热锅，加入1大匙食用油，放入蒜末、胡萝卜片爆香，再加入做法1的材料（皮蛋除外）、水，以小火炒2分钟，续加入其余调料拌匀，加入水淀粉勾芡拌匀，放入炸皮蛋拌炒匀即可。

麻辣皮蛋

材料
皮蛋4个，黄甜椒片25克，碧玉笋段、红辣椒段、花椒粒各10克，水淀粉少许

调料
辣椒酱1/2大匙，盐少许，白糖1/4小匙，辣油1小匙，食用油适量

做法
① 皮蛋入锅，煮至水沸后捞出，去壳切块，沾上淀粉（材料外），放入油温为160℃的油锅中，炸1~2分钟，捞出沥油备用。
② 热锅倒入食用油，小火炒香花椒粒，捞除部分花椒，放入碧玉笋段、红辣椒段爆香，再放入黄甜椒片、皮蛋块和其余调料炒匀，倒入水淀粉勾芡即可。

酸辣脆皮蛋

材料
皮蛋6个，蒜末10克，红辣椒末20克，洋葱丁、青椒丁各30克，水60毫升，水淀粉、地瓜粉各适量

调料
鱼露、白糖、白醋各1大匙，辣椒酱1小匙，食用油适量

做法
① 皮蛋放入沸水中煮10分钟，捞出放凉，去壳切块，沾上地瓜粉后，放入热油锅中炸至上色，捞出沥干油备用。
② 热锅倒入1大匙食用油，加入蒜末和红辣椒末爆香，放入洋葱丁炒香后，放入青椒丁拌炒，续加入水和其余调料煮匀，倒入水淀粉勾芡后，放入皮蛋块拌炒均匀即可。

宫保皮蛋龙珠

材料
皮蛋3个，鱿鱼嘴200克，葱2根，蒜2瓣，红辣椒1个，面粉3大匙

调料
盐、食用油各适量，白胡椒粉少许，酱油、辣油、香油各1小匙

做法
1. 皮蛋去壳，切块，沾裹1大匙面粉，再放入油温为180℃的油锅中炸至上色后捞起。
2. 将鱿鱼嘴洗净，沥干水分，沾裹2大匙面粉，放入油温为190℃的油锅中，炸至金黄后捞起备用。
3. 葱洗净切成葱段，蒜和红辣椒洗净切片。
4. 起一炒锅，加入1大匙食用油，加入做法3的材料爆香，加入做法1、做法2的材料翻炒，加入其余调料，以中火炒匀即可。

皮蛋炒芥蓝

材料
皮蛋2个，芥蓝200克，姜丝10克，蒜2瓣，红辣椒1个，淀粉1小匙

调料
蚝油、白糖、香油各1小匙，盐、白胡椒粉、水淀粉各少许，食用油适量

做法
1. 皮蛋去壳，切片，再沾裹淀粉，备用。
2. 芥蓝洗净，去蒂头和老梗，切成小段；蒜、红辣椒洗净切片，备用。
3. 取一炒锅，加入1大匙食用油，再加入姜丝和蒜、红辣椒爆香，再加入芥蓝略炒，续加入皮蛋片翻炒，最后加入其余调料，以中火炒至均匀入味即可。

第五章

蛋类美食的变化

蛋除了用来做菜，也常用来炒饭、煮汤、煎饼，例如金黄叉烧炒饭、皮蛋瘦肉粥、虾仁蛋包汤等，品类变化多样。这些变化料理既可日常食用，也可作为招待客人的菜肴。

焗烤蛋包饭

材料

鸡蛋2个，米饭300克，玉米粒2大匙，香芹末1小匙

调料

黑胡椒、盐各少许，番茄酱1大匙，奶酪丝50克，淀粉1小匙，水、食用油各适量

做法

❶ 鸡蛋打散，加入盐、黑胡椒、淀粉和水搅拌均匀，再加入加有食用油的平底锅中，以中火煎至双面上色成蛋皮，备用。

❷ 米饭、玉米粒和番茄酱拌匀，放入蛋皮中包成奥姆蛋的形状，再撒上奶酪丝。

❸ 将做法2的蛋包饭放入预热过的烤箱中，以200℃烤10分钟至奶酪丝融化上色即可取出，撒上香芹碎和适量番茄酱（分量外）即可。

奥姆蛋包饭

材料

鸡蛋2个，鲜奶1大匙，米饭300克，热狗30克，洋葱丁20克，青豆、圣女果各适量

调料

盐1/2小匙，白糖、鸡精、番茄酱、食用油各适量

做法

❶ 热狗切小丁，备用。

❷ 热锅，加入1大匙食用油，放入洋葱丁略炒，再加入米饭、热狗丁、1/4小匙盐、鸡精、白糖，以小火炒3分钟，加入番茄酱拌炒均匀，即为茄汁炒饭，盛碗扣盘。

❸ 鸡蛋打散，加入鲜奶及1/4小匙盐拌匀。

❹ 加热平底锅，放入2大匙食用油，倒入蛋液，以小火煎至蛋液呈半凝固状，滑移入做法2的盘中，包覆茄汁炒饭，加入圣女果、烫熟的青豆装饰即可。

豆腐蛋包饭

材料
鸡蛋2个，洋葱25克，蒜10克，水30毫升，豆腐200克，热米饭300克，西蓝花2小朵

调料
肉酱1/2罐

做法
1. 洋葱、蒜洗净切碎；豆腐洗净切小块；西蓝花放入沸水中氽烫至熟，捞出沥干水分；鸡蛋打散成蛋液，备用。
2. 热一炒锅，放入少许食用油（材料外），加入洋葱碎及蒜碎爆香，接着加入肉酱拌炒，再加入水煨煮，最后放入豆腐块烧煮至入味即可。
3. 热平底锅，放少许食用油，将蛋液煎成蛋皮，取米饭放在蛋皮上，反盖过来放入盘中，淋上做法2的材料、放上西蓝花即可。

猪排蛋包饭

材料
鸡蛋4个，五谷饭300克，猪里脊肉1片，鲜奶30毫升，熟上海青1棵，低筋面粉1大匙，面包粉3大匙

调料
咖喱酱3大匙，盐1/4小匙，食用油少许

做法
1. 猪里脊肉加入少许盐腌10分钟；鸡蛋打散成蛋液。
2. 将低筋面粉与少许蛋液拌匀，沾裹在猪里肌肉上，再裹一层面包粉，放入油温为160℃的热油锅中，炸至表面呈金黄色，捞出。
3. 将蛋液、鲜奶和盐混合过滤，放入加有少许食用油的锅中，炒至八成熟即为嫩蛋包。
4. 将五谷饭盛盘，盖上嫩蛋包，排上猪排，淋上煮热的咖喱酱，放上熟上海青即可。

海鲜厚蛋包饭

材料
鸡蛋2个，米饭、综合海鲜各150克，红甜椒丝、黄甜椒丝各20克，苦菊少许

调料
盐1/2小匙；淀粉1/4小匙，奶油白酱3大匙，食用油少许

做法
1. 将综合海鲜氽烫后捞出，鸡蛋打散成蛋液。
2. 将奶油白酱、综合海鲜、红甜椒丝、黄甜椒丝煮匀，加入盐调成奶油海鲜。
3. 将淀粉放入碗中，加入1大匙水拌匀，再加入蛋液，倒入加有少许食用油的平底锅中，转动锅让蛋液均匀分布呈圆形，煎至八成熟，放入米饭，沿着锅边圆弧翻转让蛋将饭包覆起来呈椭圆形，盛入盘中，淋上奶油海鲜，放上苦菊装饰即可。

鲔鱼薄蛋包饭

材料
鸡蛋1个，洋葱丁10克，米饭150克，罐装水煮鲔鱼50克，熟青豆5克，胡萝卜末2克，生菜、苦菊、西红柿块各少许

调料
番茄酱适量，食用油少许

做法
1. 热一平底锅，倒入少许食用油烧热，放入洋葱丁炒出香味，再加入胡萝卜末、熟青豆、罐装水煮鲔鱼和米饭，炒匀后盛出。
2. 锅洗净，倒入少许食用油烧热，倒入打散的蛋液，转动锅让蛋液分布呈圆形，小火煎成蛋皮片，在一边的半圆放入做法1的材料，将另一边蛋皮翻起盖上，盛入盘中。
3. 生菜和苦菊以冷开水洗净沥干后，同西红柿块排入盘中，均匀淋上番茄酱即可。

蛋皮蛋包饭

📋 **材料**
米饭300克，洋葱丁30克，鸡蛋2个

🧂 **调料**
番茄酱2大匙，盐1/8小匙，食用油适量

🍳 **做法**
1. 热锅，倒入1大匙食用油，炒香洋葱丁后，倒入米饭，用锅铲将米饭翻炒至饭粒完全散开。
2. 续加入番茄酱持续翻炒，至饭粒均匀上色后，将饭取出备用。
3. 鸡蛋打入碗中，加入盐打散；平底锅下少许食用油抹匀，倒入蛋液煎成蛋皮。
4. 将炒好的饭放至蛋皮中包好，倒扣至盘中即可。

金黄叉烧炒饭

📋 **材料**
鸡蛋2个，米饭300克，熟叉烧肉丁30克，葱花适量

🧂 **调料**
盐1/4小匙，鸡精1/8小匙，食用油适量

🍳 **做法**
1. 鸡蛋只取蛋黄，打散备用。
2. 热锅，加入1大匙食用油润锅，放入米饭，以中火炒至饭粒散开并炒热后，加入其余调料炒匀，熄火，再淋入蛋黄液。
3. 利用锅的余温，快速拌炒至米饭粒粒沾裹蛋液，呈金黄均匀状，最后加入熟叉烧肉丁、葱花，开小火快速翻炒均匀即可。

菜脯肉蛋炒饭

材料
米饭220克，蒜末10克，葱花20克，碎萝卜干、猪绞肉各60克，鸡蛋1个

调料
盐1/4小匙，白胡椒粉1/6小匙，食用油适量

做法
1. 鸡蛋打散；碎萝卜干略洗过后挤干水分。
2. 热锅，倒入1大匙食用油，以小火爆香蒜末后，放入猪绞肉炒至肉色变白松散，再加入萝卜干炒至干香后，取出备用。
3. 锅洗净后热锅，倒入2大匙食用油，放入蛋液快速搅散至蛋略凝固。
4. 转中火，放入米饭、做法2的材料及葱花，将饭翻炒至饭粒完全散开。
5. 再加入盐、白胡椒粉，持续以中火翻炒至饭粒松香均匀即可。

樱花虾炒饭

材料
米饭220克，卷心菜碎、猪肉丝、胡萝卜丁各30克，樱花虾5克，鸡蛋1个，葱花、香菜各少许

调料
柴鱼酱油1大匙，盐、白胡椒粉各1/6小匙，食用油适量

做法
1. 鸡蛋打散；胡萝卜丁烫熟备用。
2. 热锅倒入1大匙食用油，加入猪肉丝炒熟。
3. 锅洗净后热锅，倒入2大匙食用油，放入蛋液快速搅散至蛋略凝固，加樱花虾炒香。
4. 转中火，加入米饭、猪肉丝、胡萝卜丁及葱花，将饭翻炒至饭粒完全散开，加入卷心菜及柴鱼酱油、盐、白胡椒粉，以中火翻炒至饭粒松香，盛出撒上香菜即可。

三色蛋

材料

鸡蛋	4个
皮蛋	2个
熟咸鸭蛋	2个
香菜	适量

调料

米酒	适量
白糖	少许

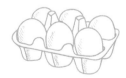

做法

1. 鸡蛋打入容器中，并将蛋清、蛋黄分开，备用。

2. 皮蛋放入沸水中烫熟，待凉后去壳，切小块备用。

3. 熟咸鸭蛋去壳，将蛋白、蛋黄分开，将蛋黄切小块。

4. 取做法1的4个蛋清与1个蛋黄，加入做法3的1个咸蛋白，再加入米酒、白糖，打散搅拌均匀并过滤，续加入皮蛋块、咸蛋黄块搅拌均匀，再倒入长方形模型中，接着放入蒸锅中蒸10分钟。

5. 将做法1剩余的3个蛋黄，加入1/2大匙做法3的咸蛋白和1小匙米酒搅拌均匀，再倒在做法4蒸好的蛋上面，续入锅蒸5分钟。

6. 取出蒸好的三色蛋，待凉后切片，搭配香菜即可。

鲑鱼炒饭

材料
米饭220克，熟青豆40克，鲑鱼肉50克，葱花20克，鸡蛋1个

调料
盐1/2小匙，白胡椒粉1/6小匙，食用油适量

做法
1. 鸡蛋打散；鲑鱼肉放入油锅煎香后，剥碎备用。
2. 热锅，倒入2大匙食用油，放入蛋液快速搅散至蛋略凝固。
3. 转中火，放入米饭、熟青豆、鲑鱼肉及葱花，将饭翻炒至饭粒完全散开。
4. 再加入盐、白胡椒粉，持续以中火翻炒至饭粒松香均匀即可。

翡翠炒饭

材料
米饭220克，火腿60克，蒜末10克，葱花20克，菠菜80克，鸡蛋1个

调料
酱油1大匙，盐1/8小匙，白胡椒粉1/4小匙，食用油适量

做法
1. 鸡蛋打散；菠菜氽烫5秒钟后取出冲凉，挤干水分并切成碎末；火腿切细丁。
2. 热锅，倒入2大匙食用油，放入蛋液快速搅散至蛋略凝固，再加入蒜末炒香。
3. 转中火，放入米饭、火腿丁、菠菜末及葱花，将饭翻炒至饭粒完全散开。
4. 最后加入酱油、盐及白胡椒粉，持续以中火翻炒至饭粒松香均匀即可。

雪顶黄金炒饭

材料
鸡蛋2个，猪肉片50克，卷心菜丁20克，葱末1/2小匙，米饭300克

调料
盐、白胡椒粉各1/4小匙，食用油适量

做法
1. 猪肉片切小丁；将鸡蛋的蛋黄和蛋清分开备用。
2. 米饭中加入蛋黄拌匀。
3. 锅内加入1小匙食用油，倒入做法2的材料以大火炒匀。
4. 放入猪肉丁、卷心菜丁和其余调料炒匀，盛盘。
5. 锅内再加入1大匙食用油，倒入蛋清，以小火快速炒匀后，倒至黄金炒饭上，撒上葱末即可。

味噌蛋炒饭

材料
鸡蛋2个，米饭500克，肉丝30克，虾仁20克，葱花、水各1大匙，三色豆2大匙

调料
白糖、鸡精、盐各1/4小匙，白味噌1大匙，食用油适量

做法
1. 白味噌加水，搅拌至溶化，加入鸡蛋打匀。
2. 虾仁放入沸水中烫熟，捞起切丁；肉丝放入热水中烫熟，备用。
3. 热一锅，放入食用油，加入米饭炒3分钟后，加入蛋液炒至均匀。
4. 续于锅中加入三色豆、虾仁丁、肉丝和其余调料炒匀，加入葱花再炒1分钟即可。

虾仁酱炒饭

材料

米饭220克，葱花20克，虾仁100克，生菜50克，鸡蛋1个

调料

XO酱2大匙，酱油1大匙，食用油适量

做法

❶ 生菜洗净切碎；鸡蛋打散；虾仁汆烫熟后沥干备用。

❷ 热锅，倒入2大匙食用油，放入蛋液快速搅散至蛋略凝固。

❸ 转中火，放入米饭及葱花，将饭翻炒至饭粒完全散开。

❹ 再加入XO酱、虾仁、酱油炒至均匀，最后加入生菜，持续以中火翻炒至饭粒松香均匀即可。

松子仁蛋炒饭

材料

鸡蛋1个，松子仁20克，鸡肉丁50克，胡萝卜末、豌豆、玉米粒、洋葱丁各10克，芹菜丁5克，米饭300克

调料

盐、黑胡椒粉各1/4小匙，食用油少许

做法

❶ 鸡蛋打匀；起锅放少许食用油烧热，小火炒香蛋液、鸡肉丁、洋葱丁、芹菜丁。

❷ 续加入米饭、胡萝卜末、豌豆、玉米粒以大火炒匀，最后加入其余调料和松子仁炒匀即可。

扬州炒饭

材料

虾仁、鸡丁、海参丁、香菇丁各30克，水发干贝、葱花各20克，笋丁40克，鸡蛋2个，米饭250克

调料

盐1/4小匙，蚝油、料酒各1大匙，水4大匙，白胡椒粉1/2小匙，食用油适量

做法

1. 热锅，倒入1大匙食用油，放入虾仁、鸡丁、海参丁、水发干贝、香菇丁、笋丁炒香，加入蚝油、料酒、水、白胡椒粉，以小火炒至汤汁收干后，捞出备用。
2. 将鸡蛋打散后，倒入油锅中快速炒匀，加入米饭及葱花，翻炒至饭粒完全散开。
3. 加入做法1的材料及盐，炒至饭粒松散干爽即可。

咸鱼鸡粒炒饭

材料

米饭220克，咸鱼肉、生菜各50克，葱花20克，鸡腿肉120克，鸡蛋1个，香菜少许

调料

盐、白胡椒粉各1/4小匙，食用油适量

做法

1. 生菜洗净切碎；鸡蛋打散；咸鱼肉下入油锅煎熟后切丁；鸡腿肉洗净切丁，备用。
2. 热锅倒入1大匙食用油，放入鸡腿肉丁炒至熟后取出。
3. 锅洗净后热锅，倒入2大匙食用油，放入蛋液快速搅散至蛋略凝固。
4. 转中火，放入米饭、鸡肉丁、咸鱼肉丁及葱花，将饭翻炒至饭粒完全散开。
5. 再加入生菜及盐、白胡椒粉，持续以中火翻炒至饭粒松香均匀，撒上香菜即可。

蒜酥香肠炒饭

材料
米饭220克，香肠2根，葱花20克，红辣椒末、蒜酥各5克，鸡蛋1个

调料
酱油1大匙，粗黑胡椒粉1/6小匙，食用油适量

做法
1. 鸡蛋打散；香肠放入电饭锅蒸熟后切丁。
2. 热锅，倒入2大匙食用油，加入蛋液快速搅散至凝固，再放入香肠丁及红辣椒末炒出香味。
3. 转中火，放入米饭、蒜酥及葱花，将饭翻炒至饭粒完全散开。
4. 再加入酱油、粗黑胡椒粉，持续以中火翻炒至饭粒松香均匀即可。

蛋香炊饭

材料
鸡蛋2个，甜豆少许，大米320克，杏鲍菇150克，奶油20克

调料
盐、白胡椒粉、黑胡椒粉各少许，水320毫升

做法
1. 鸡蛋打散，加入少许盐和白胡椒粉打匀。
2. 取锅烧热，放入奶油融化后，加入切成厚片的杏鲍菇煎至上色后，拌炒一下盛起。
3. 大米洗净，泡水15分钟后沥干，加入剩余盐及黑胡椒粉、水和杏鲍菇片，放入电饭锅中，外锅放适量水炊煮。
4. 饭煮熟后，淋上蛋液先翻松，盖上锅盖焖10分钟，盛入碗中，放上甜豆装饰即可。

皮蛋瘦肉粥

材料
皮蛋1个，大米、瘦猪肉丝各100克，油条、葱花各适量，高汤1200毫升

调料
盐、鲜鸡精各1/2小匙

做法
1. 大米洗净，泡水1小时后，沥干水分。
2. 瘦猪肉丝洗净沥干水分；皮蛋去壳洗净切小块；油条切小段，放入烤箱中烤至酥脆备用。
3. 将大米放入汤锅中，加入高汤以中火煮沸，稍微搅拌后改小火熬煮30分钟，加入瘦猪肉丝改中火煮至沸，改转小火续煮至肉丝熟透，以调料调味，再加入皮蛋块拌匀，放上油条和葱花即可。

猪排盖饭

材料
鸡蛋2个，炸猪排1片，洋葱丝适量，葱丝15克，米饭300克

调料
水200毫升，酱油50毫升，味酥1大匙，白糖1/2小匙

做法
1. 炸猪排切块；鸡蛋打散成蛋液。
2. 取锅，加入所有的调料煮沸，再放入洋葱丝煮2分钟。
3. 将炸猪排块、葱丝放入锅中，将蛋液分2次慢慢倒入煮至半熟，盖在米饭上即可。

滑蛋鸡肉盖饭

材料

鸡蛋2个，炸鸡200克，小黄瓜、热米饭各适量

调料

盐、白胡椒粉各少许，番茄酱2大匙，陈醋、酱油各1大匙，白糖、水淀粉、食用油各适量

做法

❶ 鸡蛋与盐、白胡椒粉搅拌均匀成蛋液，倒入油锅煎熟后，用锅铲切成块状，盛起。

❷ 小黄瓜洗净，斜切成0.2厘米厚的片状；番茄酱、陈醋、酱油、白糖混合均匀。

❸ 取一平底锅，加入做法2混合好的调料煮匀，加入炸鸡、鸡蛋块、小黄瓜片拌炒均匀，以水淀粉勾薄芡后即可关火。

❹ 将做法3的材料盖在热米饭上即可。

鸡松盖饭

材料

鸡蛋2个，鸡绞肉150克，咸菜、米饭各适量，芦笋1支，鲜花1朵

调料

酱油、味醂各18毫升，米酒30毫升，姜汁10毫升，白糖适量，醋、盐各1/4小匙

做法

❶ 芦笋削除粗纤维洗净，放入沸水中氽烫，捞出泡入冰水中冷却，斜切成两段。

❷ 热锅，加入鸡绞肉、酱油、味醂、姜汁及适量米酒、白糖，以筷子持续搅拌鸡绞肉，至鸡绞肉松散、收汁，熄火备用。

❸ 鸡蛋打散，加入盐、醋及剩余米酒、白糖调匀，倒入锅中以筷子拌至呈颗粒状。

❹ 碗中盛入米饭，将蛋松和鸡松平铺于米饭上，摆上咸菜和芦笋段、鲜花装饰即可。

亲子盖饭

材料

鸡蛋2个，去骨鸡腿1个，洋葱丝30克，葱丝20克，奶酪丝20克，海苔丝、米饭各适量

调料

柴鱼酱油露36毫升，水100毫升，米酒15毫升，七味粉少许

做法

1. 去骨鸡腿洗净，切成小块，放入沸水中汆烫至肉色变白，捞起沥干，备用。

2. 鸡蛋打散成蛋液，加入奶酪丝拌匀。

3. 所有调料调匀（七味粉除外）；取盖饭碗盛入适量米饭。

4. 热一平底锅，铺上洋葱丝、葱丝和鸡腿肉块，倒入调匀的调料，煮至鸡腿肉块熟透，淋上奶酪丝蛋液，煮至蛋液半熟，倒入盖饭碗上，撒上海苔丝和七味粉即可。

鸡肉滑蛋饭

材料

鸡蛋2个，鸡胸肉块200克，蟹肉棒、洋葱块各20克，熟土豆块50克，米饭、香芹末各适量

调料

鸡精1小匙，白胡椒粉1/4小匙，水500毫升，咖喱块50克，牛奶50毫升，食用油适量

做法

1. 鸡胸肉块加入鸡精和白胡椒粉腌10分钟；鸡蛋打散，加入牛奶拌匀。

2. 锅内加1小匙食用油，爆香洋葱块，加入土豆块、鸡胸肉块和水，小火煮5分钟，加入咖喱块煮至浓稠后，放入蟹肉棒煮熟。

3. 另取锅加入1小匙食用油，倒入鸡蛋牛奶混合液，以筷子快速拌炒至五成熟。

4. 米饭盛至盘上，分别淋上咖喱鸡肉和滑蛋，撒上香芹末即可。

窝蛋牛肉饭

材料
米饭300克，牛绞肉150克，洋葱、胡萝卜各30克，青豆40克，姜末10克，鸡蛋1个（取蛋黄）

调料
淀粉、香油各1小匙，蛋清1大匙，白糖、粗黑胡椒粉、盐各1/4小匙，高汤200毫升，水淀粉2大匙，酱油、食用油各适量

做法
❶ 将牛绞肉加少许酱油、淀粉、蛋清抓匀，腌制片刻；洋葱、胡萝卜去皮洗净切碎。
❷ 热锅，倒入2大匙食用油，放入洋葱碎、胡萝卜碎及姜末，加入牛绞肉炒至表面变白，加入剩余酱油、白糖、高汤、粗黑胡椒粉及青豆，略煮后用水淀粉勾芡，淋上香油，倒入米饭上面后略挖开中间，放上蛋黄即可。

滑蛋虾仁烩饭

材料
米饭300克，虾仁160克，胡萝卜50克，青豆80克，洋葱末20克，姜末10克，鸡蛋1个

调料
高汤200毫升，盐1/2小匙，白胡椒粉1/4小匙，水淀粉2大匙，香油1小匙，食用油适量

做法
❶ 虾仁用刀划开背部后洗净沥干；胡萝卜去皮洗净切小片；鸡蛋打散；米饭装盘。
❷ 热锅，倒入2大匙食用油，放入洋葱末、姜末爆香，加入虾仁翻炒均匀。
❸ 再加入胡萝卜片、青豆炒匀，倒入高汤及盐、白胡椒粉煮开。
❹ 转小火，用水淀粉勾芡后关火，加入鸡蛋略拌匀，淋上香油即可。

水波芦笋盖饭

材料
鸡蛋1个，芦笋120克，金针菇50克，香菇1朵，蒜末5克，热米饭300克

调料
水100毫升，酱油1小匙，鸡精、盐、白胡椒粉、食用油各少许

做法
1. 鸡蛋打入碗中，倒入沸水锅中，转小火煮至蛋清凝固，即为水波蛋，捞起备用。
2. 芦笋洗净，放入沸水中氽烫至熟，捞出后斜切成3厘米长的段状；金针菇去蒂、洗净、沥干水分，对切；香菇洗净切片。
3. 热一平底锅，放入少许食用油，加入蒜末炒香，放入香菇片、金针菇略炒，加入其余调料拌匀，再加入芦笋段炒匀。
4. 倒在热米饭上，盖上水波蛋即可。

贡丸蛋花汤

材料
鸡蛋1个，贡丸2颗，水600毫升，葱花少许，海苔片2片

调料
味噌2大匙，味醂1/2大匙

做法
1. 鸡蛋打散备用。
2. 将水倒入锅中煮沸，放入贡丸略煮一下，将味噌和适量水（分量外）调匀，放入锅中再次煮沸，再加入蛋液煮至呈蛋花状，加入味醂调味。
3. 取汤碗，放入海苔片和葱花，再倒入蛋花汤即可。

角菜肉丝蛋汤

材料
角菜150克，肉丝80克，鸡蛋1个，姜20克，高汤500毫升

调料
盐、鸡精各1/2小匙，香油1小匙，食用油适量

做法
1. 角菜挑嫩叶部分，洗净；姜洗净切片。
2. 热锅，倒入1大匙食用油烧热，放入姜片爆香后，先放入肉丝以中火炒至颜色变白，再加入高汤以大火煮沸。
3. 于锅中续打入鸡蛋煮至定型，加入角菜、盐、鸡精一起以中火煮至沸，最后淋入香油即可。

秀珍菇蛋花汤

材料
秀珍菇50克，瘦猪绞肉30克，鸡蛋1个，葱末少许，水800毫升

调料
盐、胡椒粉各1/2小匙，香油少许

做法
1. 秀珍菇洗净，沥干水分备用。
2. 鸡蛋打入碗中搅散备用。
3. 取一汤锅，倒入800毫升水以大火烧开，改小火放入瘦猪绞肉，用汤匙搅散肉末，待再次煮沸后，捞出浮沫。
4. 放入秀珍菇并以盐调味，续煮5分钟，趁小沸时慢慢淋入蛋汁，边搅边煮至蛋花均匀，加入葱末、胡椒粉及香油拌匀即可。

蛋包瓜仔肉汤

材料
鸭蛋4个，瘦肉丝300克，鱼浆200克，高汤
1600毫升，罐头酱瓜250克

调料
盐、冰糖、鸡精各1/2小匙

腌料
酱油1小匙，白糖、盐、白胡椒粉各少许，米酒
1/2大匙

做法
1. 瘦肉丝加入所有腌料拌匀腌30分钟，加少
   许淀粉（材料外）拌匀后，加入鱼浆拌匀
   至有黏性。
2. 将高汤、酱瓜汤和酱瓜放入锅中煮沸，加
   做法1的材料和调料混合调味，盛入碗中。
3. 将鸭蛋打入锅中煮成八成熟的蛋包。
4. 将蛋包放入做法2的碗中即可。

虾仁蛋包汤

材料
鸡蛋3个，虾仁羹200克，高汤800毫升，笋
丝、水淀粉、蒜酥各适量，芹菜末少许

调料
盐、鸡精各1/2小匙，冰糖1小匙

做法
1. 热一锅，加入适量水煮沸，打入鸡蛋以小
   火煮至微熟。
2. 另取一锅，加入高汤煮沸，放入调料煮
   匀，以水淀粉勾芡，接着加入虾仁羹与笋
   丝煮至入味。
3. 在锅中加入蛋包，食用时以蒜酥和芹菜末
   增香即可。

鸭蛋刺羹汤

材料

鸭蛋1个，肉羹200克，竹笋丝120克，胡萝卜丝、金针菇各50克，干香菇丝、香菜叶各适量

调料

鸡高汤600毫升，盐、白胡椒粉各少许，酱油、陈醋各1小匙，食用油适量

做法

1. 取锅，放入所有材料（除鸭蛋和香菜叶外）和调料以中火煮沸，加入适量水淀粉（材料外）勾芡，即为羹汤。
2. 将鸭蛋打散，加入适量淀粉（材料外）混合均匀，让蛋液透过筛网过筛流入油温为190℃的油锅中，一边用竹筷快速搅拌，即完成蛋酥；将蛋酥加入羹汤中，撒上香菜叶一起食用即可。

咸蛋肉片汤

材料

生咸蛋2个（取蛋黄），猪肉片50克，上海青60克，姜丝5克

调料

高汤600毫升，鸡精1/4小匙，盐、白胡椒粉、香油各1/2小匙

做法

1. 上海青洗净切成长粗丝；生咸蛋黄用刀背拍扁后切块，备用。
2. 热锅，加入高汤、盐、鸡精以及白胡椒粉，以中火煮开后，放入生咸蛋黄块和猪肉片，转至小火煮30秒，放入上海青粗丝和姜丝后熄火，淋上香油即可。

皮蛋鱼片汤

材料
皮蛋1个，草鱼肉100克，香菜15克

调料
高汤600毫升，鸡精1/4小匙，盐、白胡椒粉、香油各1/2小匙

做法
1. 草鱼肉洗净切片；香菜洗净切长段；皮蛋洗净去壳切小瓣备用。
2. 热锅，加入高汤、盐、鸡精以及白胡椒粉，以中火煮沸后，放入皮蛋块及草鱼片，转至小火煮半分钟，加入香菜段关火，淋上香油后即可。

翡翠海鲜羹

材料
蛋清5大匙，菠菜150克，鱼肉丁、虾仁丁各50克，墨鱼丁30克，笋片80克，胡萝卜片少许，淀粉2大匙

调料
盐1/2小匙，白胡椒粉、料酒、食用油各适量

做法
1. 菠菜洗净，放入果汁机中，加少许水打成汁过滤，加蛋清与1/2大匙淀粉拌匀。
2. 锅中加少许食用油，倒入菠菜汁以小火不断搅拌至呈绿色颗粒，用热水冲去油分。
3. 将虾仁丁、墨鱼丁、鱼肉丁、笋片、胡萝卜片均放入沸水汆烫，捞出沥干。
4. 锅中加适量水烧开，放入做法3的材料及其余调料，煮沸，用淀粉加水勾芡，待汤汁浓稠后，加入菠菜颗粒拌匀即可。

椒盐皮蛋

材料
皮蛋2个，蒜末1/2小匙，红辣椒末1/4小匙，葱花1小匙，生菜1片

调料
盐1/2小匙，白胡椒粉1/4小匙，食用油适量

面糊
低筋面粉100克，地瓜粉2大匙，泡打粉1小匙，冷开水适量，食用油1小匙

做法
1. 皮蛋煮熟去壳切丁，裹上淀粉（材料外）。
2. 面糊中的所有材料拌匀，皮蛋丁沾裹面糊，放入油锅，小火炸至金黄，捞出。
3. 热锅，加入少许食用油，爆香蒜末、红辣椒末、葱花，放入炸皮蛋及其余调料，快速翻炒匀，盛入以生菜铺底的盘中即可。

香根炸皮蛋

材料
皮蛋3个，香根10克，芹菜1根，蒜3瓣，红辣椒1/2个，面粉少许

调料
盐、白胡椒粉、香油、酱油膏各少许，辣豆瓣酱1小匙，食用油适量

做法
1. 皮蛋整个放入电饭锅中，外锅加入适量水，蒸5分钟至开关跳起，去壳切小块，拍上少许面粉，再放入油温为190℃的油锅中炸至外观呈金黄色，捞起沥油备用。
2. 香根洗净切小段；芹菜洗净切段；蒜和红辣椒洗净切片备用。
3. 取炒锅，加入1大匙食用油，放入做法2的材料以中火爆香，再加入炸好的皮蛋和其余调料翻炒均匀即可。

百花炸皮蛋

材料

皮蛋2个，虾仁200克，生菜叶、西红柿片各适量

调料

盐、白糖各1/2小匙，淀粉1小匙，白胡椒粉、香油各1/4小匙，食用油适量

做法

❶ 皮蛋放入沸水中煮5分钟，待凉后去壳。

❷ 虾仁去肠泥洗净，吸干水分后，用刀面拍成泥，加入盐搅拌至起胶，再加入白糖、淀粉、白胡椒粉、香油搅拌均匀，备用。

❸ 将皮蛋先拍上淀粉（分量外）再裹上虾泥，包成圆形，放入油温为160℃的油锅内，以小火炸3分钟至金黄后捞出、沥油，待凉后每个分切成4等份瓣状盛盘即可（盘底可垫生菜叶、西红柿片装饰）。

皮蛋酥

材料

皮蛋1个，酸姜20克，红椒末少许

调料

盐1/4小匙，白糖1/8小匙，食用油适量

外皮

熟咸蛋黄泥20克，澄粉60克，开水60毫升，猪油15克，泡打粉、淀粉各1/2小匙

做法

❶ 皮蛋煮5分钟，放凉去壳、切成4等份。

❷ 澄粉、淀粉拌入开水，加入盐和白糖搓匀，加入咸蛋黄泥揉匀，再加入猪油、泡打粉揉匀，即为外皮，分成4等份备用。

❸ 取外皮包入少许皮蛋及酸姜，包紧捏滚成圆形，放入油温为120℃的油锅内，以中火炸至外皮飞散，再转大火炸3分钟至金黄后捞出、沥油，切开撒上红椒末即可。

炸皮蛋鸡肉卷

材料
皮蛋5个，鸡胸肉200克，酸姜片50克，红辣椒丝5克，香菜段40克，地瓜粉适量

调料
盐、鸡精、白糖各1/4小匙，料酒1小匙，淀粉、蛋液各1大匙，食用油适量

做法
① 鸡胸肉洗净片成薄片，加入盐、鸡精、白糖、料酒、蛋液、淀粉，拌匀腌制30分钟备用。
② 皮蛋煮熟后，晾凉切碎备用。
③ 将鸡胸肉摊开，铺上皮蛋碎，再放上酸姜片和部分香菜段，卷成圆筒状，沾上地瓜粉，放入油温为120℃的油锅中，以小火炸8分钟，捞起沥干油后切段盛盘，旁边放上红辣椒丝及剩余香菜段装饰即可。

蔬菜水晶蛋

材料
皮蛋2个，四季豆8根，红甜椒1/3个，胡萝卜50克，吉利丁片6片

调料
水350毫升，盐、黑胡椒粉、香油、米酒各少许

做法
① 皮蛋放入电饭锅中，外锅加入适量水，蒸5分钟至开关跳起，取出去壳切小块。
② 将四季豆、红甜椒和胡萝卜洗净，切小丁。
③ 取一个容器，加入所有调料和吉利丁片，以隔水加热的方式将吉利丁片融化。
④ 接着再加入做法1、做法2的所有材料，用汤匙搅拌均匀，并倒入已铺有耐热保鲜膜的容器中，再放入冰箱中冷藏2小时后，取出切块即可。

双蛋烩西蓝花

材料

西蓝花130克，皮蛋、熟咸蛋各1个，蒜末5克

调料

高汤100毫升，白糖、鸡精各1/4小匙，水淀粉1大匙，盐、香油各1小匙，食用油适量

做法

① 西蓝花去除老化纤维，洗净切小朵；皮蛋及咸蛋去壳洗净切小丁，备用。

② 西蓝花放入加有少许盐的沸水中，焯烫1分钟后捞出沥干，盛盘备用。

③ 将锅洗净，放入1大匙食用油烧热，以小火略为爆香蒜末，加入高汤、白糖、鸡精以及咸蛋丁和皮蛋丁，煮沸后用水淀粉勾芡，加入香油拌匀，淋至西蓝花上即可。

红油皮蛋豆腐

材料

皮蛋1/2个，嫩豆腐200克，香菇3朵，蒜2瓣，红辣椒1个，绿豆苗适量

调料

辣油1大匙，花椒、香油各1小匙，盐、白胡椒粉各少许，水、水淀粉、食用油各适量

做法

① 皮蛋洗净去壳，切成小块；嫩豆腐洗净切小丁；香菇洗净切小丁；绿豆苗洗净，切段；蒜和红辣椒洗净切碎，备用。

② 取一炒锅，加入1大匙食用油，再加入香菇丁、蒜末和红辣椒末，以中火爆香，加入其余调料以中火略煮至稠状。

③ 续于锅中加入豆腐丁和皮蛋略煮，最后加入绿豆苗拌匀即可。

皮蛋炒苦瓜

材料
皮蛋1个，苦瓜1/2条，蒜2瓣，猪绞肉180克，红辣椒1/2个，香菜少许

调料
白胡椒粉少许，盐、香油、白糖、鸡精各1小匙，食用油适量

做法
1. 先将苦瓜对切洗净，去籽、刮除白膜，切成小条状备用。
2. 苦瓜条放入加有少许白糖（分量外）的沸水中汆烫后，捞起泡冰水，再沥干备用。
3. 皮蛋洗净切碎；蒜、红辣椒洗净切片。
4. 起一个平底锅，倒入适量食用油，先放入猪绞肉和做法3的材料炒香，再放入苦瓜条大火快炒，加入其余调料拌炒均匀，盛盘放上香菜装饰即可。

皮蛋鸡肉卷

材料
皮蛋2个，去骨鸡腿排1片，葱1根，铝箔纸1小段，小豆苗少许

调料
香油、淀粉各1小匙，盐、白胡椒粉各少许

做法
1. 将去骨鸡腿排洗净，中间的肉以菜刀划刀；葱洗净切成葱花；皮蛋洗净去壳切碎，备用。
2. 葱花和皮蛋碎加入香油、盐、白胡椒粉搅拌均匀，备用。
3. 去骨鸡排撒上淀粉，加入做法2的材料，将鸡腿肉卷起，用铝箔纸将鸡腿卷包好定型。
4. 将鸡腿卷放入蒸笼中，以中火蒸15分钟，取出放凉，切片状，淋上蒸鸡腿时产生的汤汁，放上小豆苗装饰即可。